PROMENADES

d'un Naturaliste

DANS L'ARCHIPEL CHUSAN

et

SUR LES CÔTES DU CHEKIANG

CHINE

par

Albert Auguste FAUVEL

Officier des Douanes Impériales Maritimes Chinoises.

CARTE ET PLANCHES

Tome Premier

CHERBOURG

Imprimerie CH. SYFFERT, Rue de la Duché 12

1881

PROMENADES D'UN NATURALISTE

DANS L'ARCHIPEL DES CHUSAN

ET SUR LES COTES DU CHEKIANG (CHINE)

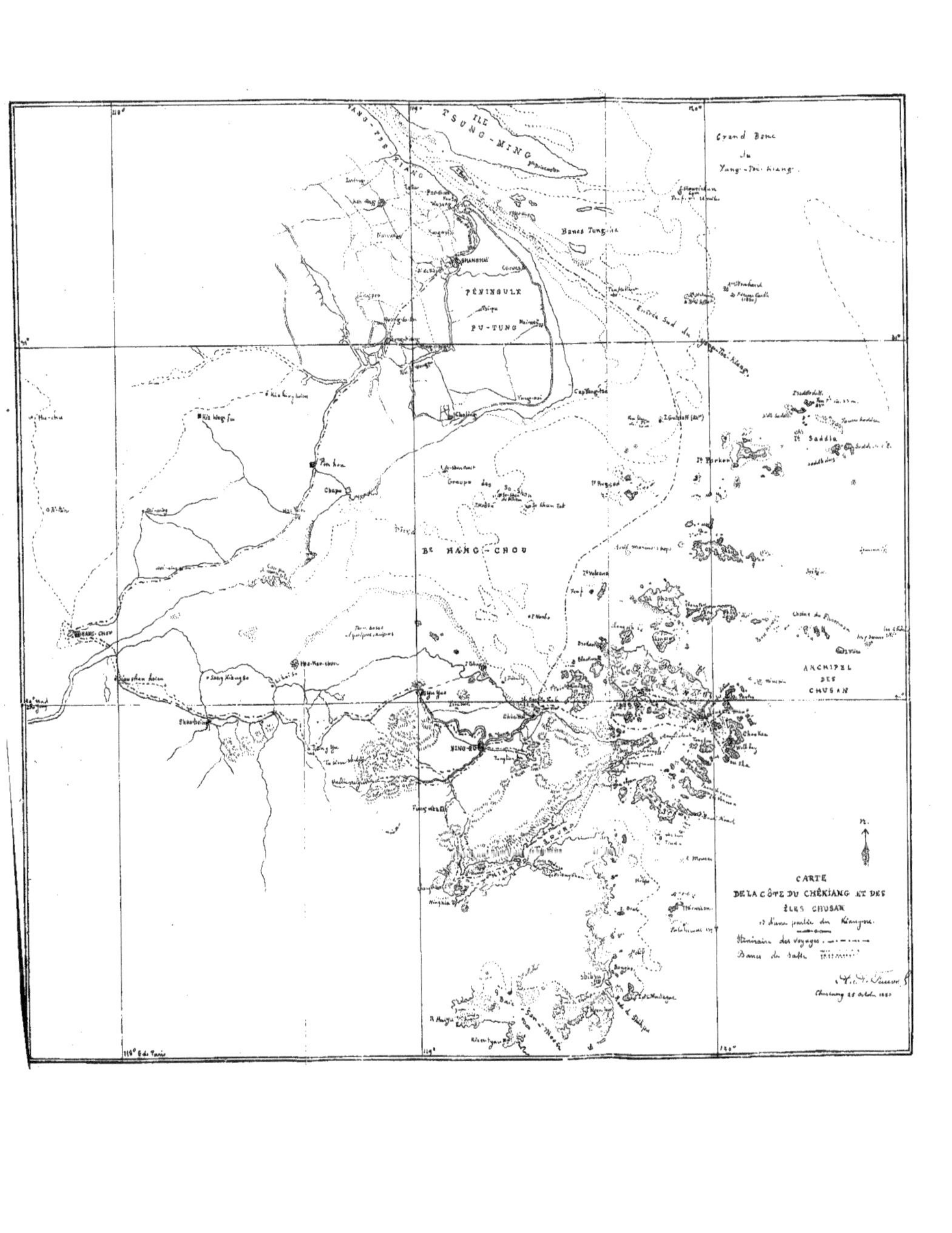

CARTE
DE LA CÔTE DU CHÊKIANG ET DES
ÎLES CHUSAN
Itinéraire des voyages
Bancs de sable
N.
ÎLE TSUNG-MING
YANG-TSE-KIANG
Grand Banc du Yang-Tse-Kiang
SHANGHAÏ
PÉNINSULE PU-TUNG
Bancs Tung-sha
Entrée Sud du Yang-Tse-Kiang
Bᴱ HANG-CHOU
HANG-CHEU
Chapu
NING-PO
I. Saddle
ARCHIPEL DES CHUSAN

PROMENADES

D'UN NATURALISTE

DANS L'ARCHIPEL DES CHUSAN

ET SUR LES COTES DU CHEKIANG

(CHINE),

PAR

Mr. Albert-Auguste FAUVEL,

Officier des Douanes Impériales Maritimes Chinoises,
Membre de la Société des Sciences naturelles et mathématiques
de Cherbourg.

Extrait des Mémoires de la Société nationale des Sciences naturelles et mathématiques de Cherbourg, T. XXII et XXIII.

CHERBOURG

IMPRIMERIE CH. SYFFERT, RUE THIERS, 7.

1880.

PROMENADES D'UN NATURALISTE

DANS L'ARCHIPEL DES CHUSAN

ET SUR LES COTES DU CHEKIANG

(CHINE).

CHAPITRE I.

Collections recueillies. — Ningpo, son importance, ses navires. — Protection des carènes. — Rivières, canaux, lacs et baies. — Chinhai, île des Tigres et île Carrée. — Ile Chusan, marées, géologie, productions végétales, climat. — Ports de Chusan et de la côte du district de Ningpo. — Huîtres de Tai-Chou. — Le peuple, mœurs et coutumes des pêcheurs. — Parias, opinion, coutume curieuse, costumes, mobilier, nourriture et boissons. — Nosologie.

Chargé par le gouvernement chinois de préparer la section chinoise de l'Exposition Internationale de Pêche à Berlin pour Avril 1880 et d'écrire un mémoire sur les pêcheries du port de Ningpo et de l'archipel des îles Chusan, je me rendis dans ces parages le 1er Novembre 1879 et commençai aussitôt une série d'excursions intéressantes qui me donnèrent l'occasion d'étudier le pays et ses productions naturelles.

La pêche sous toutes ses formes, tel était le but de mes investigations, mais mon amour pour les sciences naturelles m'entraîna souvent au-delà du cadre qui m'avait été tracé. Je rapportai de mes excursions bon nombre de coquilles et de minéraux. La saison étant trop avancée pour herboriser avec fruit, je laissai les herbes pour les bois et me procurai des échantillons de toutes les essences d'arbres croissant dans le pays.

Collections. — La collection de poissons, tant de la mer que des fleuves, réunie pendant les mois de Novembre et Décembre, se montait à 235 specimens, chiffre bien faible si l'on considère l'immense richesse ichthyologique de ces mers. Malheureusement la saison des pêches est le printemps et l'été ; alors le poisson afflue sur les marchés, où l'on peut faire sans peine une étude déjà utile. Il est en effet bien peu de poissons que le chinois ne mange. Il faut qu'ils soient absolument vénimeux pour qu'on les rejette, et encore je me souviens qu'à Tchéfou, dans le Nord de la Chine, on mangeait une espèce de Tetrodon après en avoir soigneusement détaché la tête, ôté la peau et surtout enlevé à l'eau toute trace du sang qui, dit-on, renferme la plus grande partie du poison. Le requin lui-même, le grand dévoreur, n'échappe pas à la voracité des naturels du pays, qui lui rendent ainsi la pareille, car nombre d'entre eux sont chaque année la proie de ce tigre des mers.

Sur les deux cent trente-cinq poissons recueillis, cent cinquante-neuf, appartenant à la faune de Ningpo, ont été donnés, avec toute la collection, au Fischerei Verein (Association des pêcheries) de Berlin, qui les fera étudier et nommer par le savant Dr Peters, professeur au Museum et ichthyologue distingué. Les soixante-seize autres envoyés d'Anvoy sont encore en ma possession. Je compte les faire étudier et nommer à Paris. La faune ichthyologique de la Chine est à peine connue, et la plupart des poissons rapportés sont d'espèces essentiellement chinoises; on y retrouve cependant quelques formes européennes, mais surtout des formes japonaises, et cela se conçoit si l'on prend note : que le grand courant d'eaux chaudes, venant de ce pays, remonte le long des côtes chinoises jusqu'au cap Shantung; j'ai même trouvé à Tchéfou le *Pelor Japonicum* et la *Solea Zebrina* du Japon. Je me contenterai donc de nommer à leur place les quelques espèces que j'ai pu reconnaître ; le catalogue n'en sera ni bien long, ni bien intéressant. J'ai l'espoir de vous apporter sur les coquilles fluviatiles des documents de plus de valeur. J'ai en effet l'honneur de compter parmi mes amis, le Père Heudes S. J. qui en a découvert beaucoup et publié un bon nombre dans ses fascicules de Conchyliologie fluviatile de la Chine centrale.

Au moment de mon départ de Chine, il a eu la bonté de compléter ma collection par le précieux cadeau d'une cinquantaine d'espèces nouvelles dont il n'existe encore que deux spécimens en Europe, au Muscum à Paris et chez M. A. Morlet à Dijon. Ayant apporté cette collection avec moi, je pourrai, j'espère, la montrer avant peu aux membres de la Société des Sciences Naturelles de Cherbourg.

Pour les oiseaux je n'ai pu rapporter que des aquarelles fort bien exécutées, d'après nature, par un artiste chinois. Bon nombre ont été reconnus par M. l'abbé Armand David, qui a bien voulu me prêter son concours; les autres je les ai trouvés décrits dans son excellent livre sur les Oiseaux de la Chine ; enfin je me suis aidé des magnifiques publications en couleurs : « Birds of Asia » de Gould , le journal d'ornithologie « Ibis », etc.

Ces prémisses posées et mes excuses faites au lecteur pour l'avoir fait attendre si longtemps au seuil, j'entre dans mon sujet sans plus ample préambule.

Importance de Ningpo.— Ningpo est, pour ce qui concerne le poisson, le plus grand marché de toute la Chine. De là on exporte les produits de la pêche dans tous les ports de l'Empire, et même jusque dans les pays étrangers. Quelques-unes de ces exportations sont renommées et les pieuvres ou sépias séchées de Ningpo ont acquis une célébrité bien établie. La position même de ce port, au sommet de la courbe formée par la côte chinoise, à mi-chemin des frontières septentrionale et méridionale, et à proximité d'un riche archipel où se trouvent les pêcheries, est des plus favorables pour le commerce du poisson. Telle est la raison pour laquelle ce port a été choisi pour représenter les pêcheries chinoises à l'exposition du Fischerei Verein à Berlin.

Ningpo proprement dit est une ville de premier ordre ou *Fu*, dont l'enceinte, d'environ sept kilomètres de circuit, renferme une population évaluée à 260,000 âmes. La ville est située, par 121° 22′ de longitude orientale de Greenwich et 29° 58′ de latitude septentrionale, au confluent de deux rivières qui unissent leurs eaux sous ses murs et forment un fleuve large et profond, le Yung ou Tatsieh, qui se dirige vers le Nord-Est, et atteint la mer à Chinhai, à 12 milles de là. La profondeur variant de deux à six brasses, de grands steamers et de lourdes jonques peuvent jeter l'ancre sous ses murs. Un peu au-dessus de la Douane, des centaines de jonques (dont le tonnage varie entre cent et deux cents tonneaux et au-dessus) sont à l'ancre, rangées en ordre, sur les deux côtés du fleuve, où se trouvent de larges et populeux faubourgs. Les établissements étrangers sont sur la rive Nord en face de la ville ou plus bas et communiquent avec elle au moyen d'un pont de bateaux.

Navires. — Le bon frère Odoric de Pordenone (1316-1330) disait, il y aura bientôt six siècles : « Les » vaisseaux de Menzu sont plus beaux et plus nombreux » par aventure, que ceux d'aucune autre ville du » monde.... il est vraiment difficile de le croire même » quand on le voit. » Un point particulier à ces bateaux a toujours attiré l'attention et excité l'admiration des voyageurs européens. Frère Odoric remarque que « tous » les vaisseaux sont blancs comme la neige, étant blan- » chis à la chaux. » Cette peinture blanche des jonques est tout aussi à la mode de nos jours qu'elle l'était il y a cinq siècles, surtout pour les jonques de Chinchiu (le Zaitun du moyen âge). » (1)

Protection des carènes par l'huile de Dryandra. — Cette peinture est formée d'un mélange de chaux de coquilles et d'huile extraite des semences empoisonnées du *Dryandra cordifolia* (2), qui a la propriété de conserver le bois et de le protéger contre l'attaque des tarets. J'ai d'ailleurs remarqué que les canots ou sampans dont on se sert dans le pays, sont tous entièrement frottés de cette huile (sans mélange de chaux) et, comme je n'ai jamais vu de coquilles ou d'herbes fixées sur leur carène, j'incline à penser que la puissance toxique de cette huile est suffisante pour éloigner les parasites de toute espèce. Jusqu'ici, si je ne me trompe, on n'a encore pu trouver de procédé pour obvier à cet inconvénient et, malgré les pompeuses annonces de certains marchands de peinture, les Messageries

(1) Voir Customs Annual Reports on Trade, China. 1869.

(2) Aussi appelé *Eleococca vernicifera*, cet arbre appartient à la famille des Euphorbiacées.

maritimes, entre autres, en sont encore réduites à faire passer au bassin de radoub leurs grands paquebots après chaque campagne en Chine, et à les repeindre entièrement. Il serait peut-être utile de faire avec le *Toung Yeou* chinois (huile de Dryandra) des expériences à ce sujet. La plupart des navires chinois qui visitent le port de Ningpo adoptent cette méthode de peindre ainsi leur carène en blanc; seuls les navires de Canton, qui sont construits en bois de fer, peuvent s'en passer. Nos marins seront aises d'apprendre que plusieurs des bateaux pêcheurs de l'Archipel des Chusan ont adopté l'emploi du goudron de houille ainsi que l'usage de quilles (on sait que les jonques ont le fond plat); quelques-uns se gréent avec des voiles européennes, entre autres le foc, et tous, ou presque tous, poussent le progrès jusqu'à tailler leurs voiles dans la toile anglaise, qu'ils teignent avec une décoction d'écorce de palétuvier, pour la préserver de la pourriture et de l'humidité.

Pays desservi par Ningpo. — L'étendue de pays desservi par le port de Ningpo peut être comprise dans un carré de quatre degrés au plus de côté : 27°30′ à 30°15 de latitude Nord et du 117me degré au 121me degré 15 de longitude Est. Les communications par terre avec la province du Fokien au Sud, et celle de l'Anhuei au Nord, étant rendues très-difficiles, grâce aux hautes chaînes de montagnes qui couvrent le pays, tout le commerce se fait par des navires naviguant le long des côtes.

Rivières. — Les rivières de la province du Chékiang, dans laquelle se trouve Ningpo, prennent leur source, pour la plupart, dans les limites de la province même, et, bien qu'elles fournissent un excellent moyen de communications dans la province, elles offrent peu de facilités pour les échanges commerciaux avec les provinces voisines. Toutes, prenant leur source dans de hautes montagnes, ont un courant rapide et des eaux claires dans la partie supérieure de leur cours. Elles seraient excellentes pour l'élevage de la truite et du saumon (inconnus en Chine), si elles ne possédaient pas tant le caractère de torrents de montagnes, et si la partie inférieure de leur cours n'était point rendue aussi sale par les terrains boueux qu'elles traversent. En été, les eaux sont abondantes, mais trop souvent empoisonnées par le drainage des rizières et les manufactures d'indigo et de papier. La pierre à chaux étant rare dans le pays, l'eau est pauvre en sels calcaires.

Rivière Chien Tang et son mascaret. — La plus importante de ces rivières est le Chien Tang, anciennement appelé Chêkiang (fleuve briseur), d'où le nom de la province. Le terme *Ché*, briser, qui entre dans ce dernier nom, est sans doute employé pour représenter la grande vague ou barre qui s'avance avec la marée dans l'estuaire de cette rivière, et qu'un dicton chinois énumère comme une des trois merveilles de l'Empire. Cette barre, à l'époque des équinoxes, se précipite dans la baie de Hangchou comme un mur liquide, d'environ 22 pieds de haut, quelquefois plus, qui chavire les bateaux, submerge les terres, rend la navigation extrêmement difficile et la culture des huîtres impossible. En somme, on pêche si peu dans cette baie que, sur le marché de Hangchou, l'on ne trouve que quatre ou cinq espèces de poissons d'eau douce. Sur les cartes de l'amirauté anglaise, la rapidité du courant dans cette baie est marquée onze nœuds et demi, et la différence du niveau extrême entre les hautes et basses mers, trente-deux pieds. Une pareille hauteur de marée est fort rare et ne peut être comparée, je crois, qu'à celle qui se produit sur les côtes du Labrador. Aussi peu de navires se hasardent-ils à traverser la baie au moment du flot, la navigation, même en temps de morte eau, n'y est représentée que par quelques bateaux qui profitent du beau temps pour transporter des passagers entre Chapu (près de l'ancien Canpu de Marco Polo) et Chinhai à l'entrée de la rivière de Ningpo.

Canaux, lacs et baies. — La province est aussi traversée, surtout vers le Nord, par de nombreux canaux. On y trouve aussi quelques lacs, et la côte est découpée par des baies nombreuses aux eaux claires, et s'enfonçant loin dans les terres, à la façon des fjords de Norwège, auxquels elles ressemblent beaucoup, entourées qu'elles sont de montagnes pittoresques et couvertes de forêts de pins. Les bambous et quelques toits de pagodes rappellent seuls au voyageur qu'il est en Chine, car bien que la latitude soit de 28°, le froid y est souvent considérable.

En venant du Nord, la plus importante de ces baies, après le golfe de Hangchou, est le golfe dit Nimrod Sound, à vingt milles au sud de Ningpo. Ayant à le visiter en détail pour y étudier la pêche et l'ostréiculture, je m'embarquai le 14 Novembre sur une petite barque de 10 tonneaux appartenant à l'administration des douanes et appelée le *Yung*, du nom de la rivière de Ningpo ; gréée à la chinoise, de deux mâts ayant chacun une grande voile blanche garnie de bambous, elle ressemblait, lorsqu'on disposait ces voiles en ciseaux, à une grande mouette blanche rasant la surface des eaux. Ayant embarqué des vivres pour quinze jours, muni de cartes, d'un compas, d'un mauvais pilote et d'un domestique cuisinier factotum, je pris le commandement du *Yung* et levai l'ancre le 15 à 1 heure du matin par une pluie battante et une nuit noire. La chance nous étant tout-à-fait contraire, nous dûmes naviguer jusqu'au jour à la godille, immense rame posée sur un piton de fer et manœuvrée par deux ou trois hommes qui chantaient en chœur une ritournelle cadencée. Arrivés à l'entrée de la rivière, je visitai la ville murée de Chinhai qui ressemble à toutes les villes chinoises et dont le mur d'enceinte bâti en beau grès rouge, s'élève sur un brise-lames, formé d'immenses dalles de la même pierre, encastrées l'une dans l'autre, qui se prolonge le long de la côte sur une longueur de plusieurs lieues. C'est un véritable travail de géants rappelant les pyramides et le grand mur de Chine et vieux de plusieurs siècles. Ce brise-lames sert aussi de digue et protége le pays, qui est fort bas, contre l'envahissement des eaux de la mer.

Traîneaux pour la boue. — La marée étant basse, je pus examiner à loisir les grands labyrinthes de filets dont l'ouverture est tournée vers la terre et qui retiennent le poisson prisonnier lorsque la mer descend. La plage étant fort plate, les eaux laissent à découvert une immense plaine de boue molle. Pour se rendre à leurs filets les habitants se servent d'une sorte de pousse-pied fort simple et très-original. Cet appareil appelé *Nimu* est fait de trois planches réunies en forme de bateau. Celle du fond est large d'environ 20 centimètres et diminue graduellement vers l'extrémité antérieure qui se relève en même temps. Les deux planches formant bordages n'ont que 7 à 8 centimètres de hauteur. Le tout est fermé aux deux extrémités et rendu solide au centre par trois barres transversales. Au centre deux montants de deux pieds de haut supportent une barre horizontale. Le tout mesure environ cinq pieds de long et ressemble vaguement à un grand patin à neige. Le pêcheur plaçant au milieu un bouchon de paille, sur lequel il pose un genou, saisit des deux mains la barre horizontale et se pousse sur la boue au moyen de la jambe libre agissant comme rame. Avec ce pousse-pied on glisse rapidement sur la vase la plus molle sans danger d'enfoncer.

On se sert aussi quelquefois d'un simple baquet pour cet usage, surtout lorsqu'il s'agit de traverser des endroits remplis d'eau. Comme la marée se retire à de grandes distances, il arrive souvent que des îles se trouvent réunies l'une à l'autre ou à la terre, comme le Mont-Saint-Michel sur notre côte. On se sert alors de ces appareils pour passer d'une île à l'autre et plus d'un de nos missionnaires visite ainsi ses chrétiens. On place une chaise dans le baquet, qui est remorqué par deux solides pêcheurs attelés à droite et à gauche du voyageur, chacun sur leur *Nimu*. Les matériaux ou les bagages sont placés sur un traîneau plat, généralement formé d'un battant de porte posé sur un cadre et attelé d'un ou de plusieurs pousse-pied.

Coquilles. Oiseaux. — Je ramassai sur cette plage quelques coquilles : *Murex, Ranella, Purpura luteostoma*, etc., et aperçus, entre autres oiseaux pêcheurs, des hérons (*Ardea cinerea*), des mouettes : *Larus ridibundus, L. argentatus, L. canus*, etc.

Poissons. Fort, etc. — A l'entrée de la rivière se trouvent de longues lignes de filets coniques fixés à demeure sur des bambous piqués dans la vase et disposés de façon à présenter toujours leur ouverture à la marée. J'en levai quelques-uns et y récoltai des anguilles : *Anguilla acutirostris, A. latifrons*; des crevettes de plusieurs espèces *Peneus, Palœmon*, le *Squilla mantis* et des crabes : *Pagurus, Crangon, Portunus*. La côte présente à cet endroit un promontoire élevé composé de quartzite sur lequel on a bâti un fort à l'européenne armé de puissants canons, dont l'un pèse une vingtaine de tonneaux, et vient des grandes fonderies écossaises. Nous remîmes à la voile vers une heure de l'après-midi avec l'espoir d'atteindre Tinghai dans l'île Chusan vers le soir.

Ile des Tigres et Ile Carrée. — Nous laissâmes dans le nord les deux rochers de l'île Carrée (Square Island) et de l'île des Tigres (Tiger Island) situés à quelques milles de la côte et qui commandent l'entrée de la rivière de Ningpo. Aussi l'administration des douanes y a fait établir des phares. Sur le premier le feu est de cinquième ordre, de sixième sur le second (1); des bouées et des balises établies aux environs marquent le chenal et décèlent des roches dangereuses. La composition géologique de ces îles appartient aux terrains primitifs, quartz grenu, claystone et diorite. Sur l'île Carrée qui ne mesure que quelques centaines de mètres de tour, le gardien du phare a découvert une petite source qui lui fournit de l'eau en toute saison; les sources sont fort rares en ce pays et comme celle-ci ne donne que très-peu de liquide, j'incline à penser que c'est plutôt une sorte de drainage de l'île qu'une source véritable. En tout cas elle entretient un peu de verdure sur ce roc aride, et je trouve à récolter en fleurs, un joli chrysanthème jaune commun jusque dans le Nord de la Chine. Le gardien, qui est un brave portugais de Macao et qui habite ce rocher depuis des années, y a introduit des lapins européens ; ils y ont rapidement prospéré et sont fort peu timides. Malheureusement, comme il n'y a que quelques pouces de terre sur la roche, ils ne peuvent guère se creuser de terriers et la plupart nichent comme les lièvres, aussi on en perd un grand nombre en hiver. La douane a aussi essayé d'introduire ce gibier sur d'autres îles où ils prospérèrent d'abord. Malheureusement les habitants les

(1) Tiger Island est aussi marqué sur la carte de son nom chinois Tsele ; son feu est fixe et a une hauteur de 47 mètres au-dessus du niveau de la mer. Square Island est marquée Pasyeu sur nos cartes marines, son feu est fixe, rouge et a une hauteur de 57 mètres.

détruisirent jusqu'au dernier, craignant sans doute de voir leurs champs complètement ravagés par ces rongeurs, ainsi que cela a lieu aujourd'hui en Australie. Chose curieuse, le lapin n'existe pas en Chine; on n'y connaît que deux espèces de lièvres, le *Lepus sinensis* commun partout et le *L. Tolaï* qui habite surtout les Provinces du Nord et les steppes de Mongolie.

Vers le soir, nous entrions dans l'archipel des îles Chusan, et nous jettions l'ancre devant l'île de *Ta mao* (le grand chat), la marée et le courant étant contre nous.

Iles Chusan. — La côte de Chine sur toute son étendue est semée d'îles et de rochers en grand nombre. Le plus important de tous ces groupes est celui qui, d'après le nom de l'île principale, s'appelle sur les cartes « Chusan group. » — L'archipel des Chusan est le plus célèbre de toute la côte de Chine et forme avec celui du groupe des pêcheurs « Fisherman's group, » la station de pêche pour des milliers de jonques du Chêkiang et du Fokien. Les îles Saddle, un peu au Nord-Est, sont fort connues par leurs grandes huîtres, que l'on trouve souvent sur le marché de Shanghaï avec les huîtres, plus petites et plus délicates, qui viennent de la baie de Nimrod.

Marées. — Entre ces îles, les marées sont très-irrégulières et varient suivant la direction du vent ; il s'y trouve aussi de nombreux tourbillons, à courants violents, fort dangereux pour la navigation. Les passages sont étroits et dans quelques-uns les courants sont tels et la profondeur si grande, qu'il est impossible d'y jeter l'ancre avec sûreté. Nombre de ces îles ne sont d'ailleurs que des rochers arides, habités seulement en été, par les pêcheurs qui viennent y sécher leurs poissons.

Chusan. — Chusan veut dire montagne du bateau dans le dialecte des gens du pays qui la comparent à une jonque, dont les trois mâts sont simulés, disent-ils, par les trois pics les plus élevés de l'île. Située par 121° 52' 30" à l'Est du méridien de Greenwich et par 29° 54' de latitude Nord, Chusan est la plus grande île de l'archipel auquel elle donne son nom, elle mesure environ 21 milles de longueur sur 11 de largeur, et compte près d'un million d'habitants. Comme la plupart de ses sœurs, elle est formée de quartzite, grès, trachyte, avec des trapps, des porphyres et du granit gris à grains fins. Les montagnes ont des sommets arrondis et descendent à la mer par des pentes douces, pierreuses, n'ayant que fort peu de terre végétale. Aussi sont-elles peu boisées ; le pin chinois, *Pinus sinensis*, seul réussit à y vivre et il y est très-rabougri ; ce n'est que dans les ravins qu'il atteint sa taille normale, encore n'en trouve-t-on de beaux que sur le continent. Malgré leur aridité, ces montagnes n'en sont pas moins cultivées jusqu'au sommet. Partout où il y a quelques centimètres de terre végétale l'industrieux habitant la retient par des murs en pierres sèches ; le tout forme des terrasses successives qui gravissent les collines comme de gigantesques escaliers. On y cultive des patates douces, du sorgho et du millet ; entre les pierres, là où toute culture semble impossible, le patient chinois sème du maïs. Dans les vallées et sur la côte on cultive le riz. Les champs sont protégés contre l'invasion de la mer par des digues et les eaux douces sont retenues par des écluses qui s'opposent aussi à l'entrée de l'eau de la mer, lors des hautes marées.

Dans les jardins on trouve beaucoup le citronnier à petits fruits, *Citrus olivæformis*, dont les fruits, connus en Chine sous le nom de *Kumkuats*, en France sous celui de chinois, sont envoyés à Canton où on les confit dans le sirop de sucre de Formose et d'Amoy. On y trouve aussi plusieurs espèces d'oranges mandarines, encore inconnues en Europe. Le palmier de Chine, *Chamœrops excelsa*, *C. Fortunei* y est aussi cultivé; ses feuilles servent à faire des éventails, tandis que ses bractées fibreuses sont employées pour la fabrication de cordages solides, de brosses de toutes sortes, de tapis et de matelas, et surtout pour garantir de la pluie le dos des habitants du pays. On en fabrique en effet des manteaux et des chapeaux imperméables fort curieux.

Le thé est cultivé dans toutes ces îles et surtout dans l'île de Kin Tang (1) (la plus rapprochée de la côte), mais c'est seulement pour la consommation locale, chaque famille ne possédant que quelques arbustes. Il en est de même du tabac que l'on prépare sans sel, mais avec un peu d'acide arsénieux, pour lui donner du montant, et d'huile de choux pour l'empêcher de se réduire en poudre par la sécheresse. Il appartient à une variété chinoise, *Nicotiana sinensis*. Dans les mares on élève le superbe lotus de Chine, *Nelumbium speciosum*, dont les fleurs servent à parer les autels de Boudha et dont on mange les racines et les fruits.

Lorsque le riz est coupé, on ramasse la terre en longues banquettes étroites, sur lesquelles on sème une sorte de trèfle, qu'on enterre plus tard comme engrais vert. On en mange aussi quelquefois les feuilles.

Sur les côteaux secs on cultive le coton herbacé, *Gossypium herbaceum*. Malheureusement il est à soie courte et ne pourra jamais servir à la manufacture de bonnes cotonnades.

Aux mois de mai et juin, on y trouve en abondance des abricots, des prunes, et surtout des pêches, dont on compte de nombreuses variétés, entre autres une, qui est

(1) Aussi appelée Silver Island, Ile d'Argent.

plate, déprimée au centre; elle est la plus estimée à cause de son goût très-fin. Les poires sont dures et de peu de valeur, mais on cultive de beaux coings à parfum prononcé que l'on sert sur les tables pour leur odeur seule, car on les mange rarement.

En octobre, on récolte des noix, mais elles sont petites et bien inférieures à celles du Shantung ou de la Mongolie ; il en est de même des grenades.

En fait de légumes on cultive les carottes, le *Brassica sinensis*, la moutarde, et surtout l'ail et l'oignon. Le piment rouge sert de condiment. En 1841, les Anglais introduisirent dans l'île la pomme de terre qui réussit très-bien, et qu'on transporte sur les marchés de Ningpo et de Shanghai où on la vend un bon prix aux résidents étrangers, tandis que dans l'île, elle coûte à peine un sou la livre.

Les arbres les plus communs dans l'île sont le peuplier, *Populus alba*, le camphrier, *Laurus camphora*, l'*Acer trifidum* qui atteint de belles proportions, le saule, le sureau du Japon, *Sambucus Japonica*, les mûriers *Morus nigra* et *M. alba*, le *Juniperus sinensis*, différentes espèces d'acacia, entre autres le Julibrizzin. Un des plus curieux et des plus utiles est l'arbre à suif, *Stillingia sebifera (Croton sebiferum)*, dont les feuilles triangulaires et longuement pétiolées, revêtent à l'automne toutes les teintes variant du jaune clair au rouge le plus vif, et dont les fruits fournissent une sorte de suif végétal fort estimé et employé à la manufacture des chandelles.

L'huile est surtout fournie par le sésame et le *Dolichos trilobus*; on en fait aussi quelque peu avec les arachides qu'on sert sur la table en compagnie des châtaignes d'eau *Trapa bicornis* et des pépins de pastèques.

Climat. — Le climat des îles Chusan et celui de Ningpo

sont à peu près semblables, avec cette différence que les ardeurs de l'été très-dures à Ningpo, sont tempérées aux Chusan par les brises de mer; aussi, tous les étrangers qui peuvent quitter la côte, viennent passer une partie des chaleurs dans ces îles, et y retremper leurs forces dans les ondes bleues de l'Océan pacifique, qui sur la côte même sont trop souillées par les eaux jaunes des grands fleuves. Le thermomètre y monte en août jusqu'à + 35° c. pendant le jour, descendant au-dessous de +30° durant la nuit, tandis qu'à Ningpo il atteint + 45° et rend les nuits insupportables, privé que l'on est d'une brise rafraîchissante. En hiver on a observé jusqu'à — 5° en décembre à Chusan. A Ninpgo la moyenne varie de — 2° à — 8°, alors les lacs et les canaux gèlent assez pour arrêter la navigation. L'atmosphère est généralement claire et sèche en hiver, le vent soufflant alors en mousson de la direction du Nord. En été, au contraire, règne la mousson du Sud, l'air manque aux poumons, il est lourd et humide. C'est alors la saison des pluies qui tombent souvent par torrents et pendant des semaines entières.

La température moyenne est alors de + 36° à +37° centigrades à l'ombre, la sueur sort abondamment par tous les pores et l'on souffre cruellement des moustiques qui s'élèvent chaque soir en nuées des rizières des environs. Ajoutez à cela que l'eau est saumâtre sur la côte et vous aurez une idée des agréments d'un voyage d'été dans ces régions trop aimées de Phébus.

Ports de Chusan. — Les ports de Chusan sont tous sur la côte Sud. Le plus important est Tinghai, du nom de la ville principale de l'île, bâtie au fond de la baie et qui est d'une certaine importance. La profondeur y varie de quatre à onze brasses, et comme les quatre entrées sont entre des îles, qui se profilent l'une sur l'autre, on peut à peine les apercevoir une fois à l'ancre, et alors on ne saurait dire comment on est entré dans ce lac. La conséquence naturelle est qu'il est parfaitement à l'abri des vents. Le fond y est vaseux, la marée y monte d'environ douze pieds avec un courant atteignant souvent cinq nœuds.

Le second port par ordre d'importance est Ching-Kia-men, à l'extrémité Sud-Est de l'île. Il consiste en un long canal fort étroit (environ un tiers de mille) entre l'île Chusan au Nord et l'île Lokea au Sud. Il n'est qu'à douze milles de Tinghai, mais la route entre eux est semée de rochers et de bas fonds de boue découvrant très-loin à mer basse. Ching-Kia-men est en conséquence plus fréquenté des navires de pêche; de fait il est le centre des pêcheries et le seul refuge pour les jonques prises dehors par le mauvais temps. La ville est sur le bord de l'eau et se compose de pauvres maisons habitées par les pêcheurs. En 1843 on y comptait déjà 35 jonques de cent tonneaux chacune ayant une équipage de 30 à 35 hommes, et 250 navires plus petits. Aujourd'hui ce nombre est fort augmenté, mais nous en reparlerons plus loin.

A l'extrêmité occidentale de l'île se trouve le dernier port de ces parages, Chingkeang, formé par un canal entre Chusan et la petite île de Latea; il n'a aucune importance et n'est en somme qu'un port de refuge. Il possède des carrières de beau grès rouge.

Du côté qui regarde le continent, les rivages de toutes les îles sont bas et marécageux, et découvrent souvent à une grande distance à marée basse. Sur ces immenses plages de boue on dispose de vastes enceintes de filets verticaux. Cette description s'applique aussi à la plus grande partie de la côte chinoise. Les plages Nord et Est des îles, qui regardent l'Océan, sont au contraire abruptes, rocheuses et sablonneuses ; la mer y est bleue et la houle très-forte ; mais il n'y a point là de ports de refuge. Comme les abords de ces îles sont extrêmement dangereux, l'administration des douanes a fait ériger sur plusieurs d'entre elles de beaux phares de première classe, munis de lanternes françaises à la Fresnel, et dont le feu est visible à 30 milles au large.

Pour terminer la nomenclature des baies et ports de ces parages, il nous faut revenir un moment sur le continent.

A quarante milles au sud de la baie Nimrod, nous rencontrons une baie plus ouverte appelée « San Moon bay » sur les cartes. A l'entrée se trouve le fameux port de Shih-pu, admirablement situé au fond d'une anse, et possédant un excellent mouillage protégé par un archipel d'une douzaine de petites îles.

Huîtres de Taichou. — Puis vient plus bas au Sud la baie de Taichou. Là se trouvent de magnifiques huîtres longues et étroites ; j'en ai rapporté un échantillon parfaitement droit, mesurant cinquante centimètres de longueur. Aiguë près de la charnière, elle s'élargit graduellement pour atteindre dix centimètres à l'extrémité opposée; la charnière est longue de cinq centimètres, en douille et cannelée. C'est le plus grand échantillon d'huître que j'aie vu dans aucun musée. Les pêcheurs chinois m'ont assuré qu'on en trouve quelquefois qui mesurent jusqu'à trois pieds de longueur. La lunule qui marque l'impression du muscle abducteur est violet foncé ; or cette particularité ne se trouve, dit-on, que dans les huîtres d'Amérique. Cette huître qui existe sur la côte de Chine, jusqu'à la baie de *Ta-lien-wan* dans le Nord du golfe de Pécheli où elle ne dépasse guère quelques centimètres, a été décrite par Crosse sous le nom d'*Ostrea Talienwanensis*. Je n'ai point en ce moment sous la main cette description ; mais j'ai eu à Berlin l'occasion d'étudier une vaste collection des huîtres du monde entier, et entre autres une des nombreuses huîtres de l'Amérique du Nord et du Canada. Or notre huître chinoise ressemble à s'y méprendre à l'*Ostrea Virginica* et à l'*O. Canadensis*. Au musée de Bruxelles, j'ai remarqué une huître ressemblant fort à l'huître chinoise ; elle était étiquetée *Ostrea rostrata* (Canada); c'est sans doute un synonyme d'*O. Canadensis*.

Monsieur le professeur E. von Martens de Berlin, a bien voulu me montrer l'huître qu'il a rapportée du Japon et qu'il appelle *Ostrea gigas*; elle ressemble en tout point à celle de Tai chou, mais n'atteint jamais ses proportions, du moins on n'en a point encore rapporté ni signalé de pareils échantillons. On pourrait donc sans se tromper lui donner le nom d'*Ostrea gigantissima*, et indiquer comme synonyme *Ostrea Talienwanensis* Crosse, *Ostrea gigas* du Japon ; *Ostrea Virginica, O. Canadensis, O. rostrata*. Il est aussi curieux de remarquer qu'elle ressemble beaucoup à l'*Ostrea sellæformis* des terrains éocènes de l'Amérique du Nord, dont elle n'est peut-être qu'une variété vivante, et aussi à l'*Ostrea longirostris* fossile des bords du Tage qui atteint deux pieds de longueur. J'ai eu l'occasion à Ningpo de manger plusieurs de ces huîtres énormes, elles étaient grasses et molles malgré leur âge avancé, et couleur de crême ; bien qu'elles ne vaillent pas les huîtres de Stavanger (Norwège), les meilleures que j'aie jamais goûtées, elles sont vraiment fort bonnes. On ne s'expose pas d'ailleurs à leur donner mauvais goût en les ouvrant, car la poche d'eau fétide qui existe dans nos huîtres, ne se trouve dans aucune de celles que j'ai vues en Chine. Ces grandes huîtres ne sont pas cultivées, elles sont prises au fond de la baie par des plongeurs qui descendent souvent à de grandes profondeurs, munis d'un ciseau et d'un marteau, ou plus simplement d'une longue barre de bois dur, armée à l'extrémité d'un tranchant d'acier. Ils mettent toujours dans leur bouche un petit morceau d'acide arsénieux. Cela les aide beaucoup à retenir longtemps leur respiration ; ils prétendent aussi que cette drogue leur maintient l'estomac chaud, probablement en produisant un catarrhe de cet organe. Aux grandes marées d'équinoxe, hommes, femmes et enfants vont détacher les huîtres des rochers laissés à sec dans toutes les îles des environs.

Le peuple. — Les pêcheurs de ces îles comme ceux du district de Ningpo ont une forte constitution. Bien que pauvrement nourris, ils sont résistants et supportent facilement de grandes privations. Il leur arrive souvent l'hiver de passer plusieurs jours et plusieurs nuits dans des vêtements mouillés d'eau de mer qui gèle sur eux. Ils ont les manières rudes des gens de mer, mais comme le commun de leurs frères sur le globe ils ont bon cœur et sont hospitaliers. Ceux des îles des pêcheurs " fishermen's group " sont excellents plongeurs. Un navire chargé de plomb et d'argent ayant coulé dans ces parages il y a environ vingt ans, on fit venir des scaphandres qui sauvèrent l'argent, mais on abandonna le plomb, trop difficile à enlever du fond de la cale. Bien que la profondeur fût de 90 pieds, les plongeurs chinois découvrirent ce trésor il y a trois ans, et exploitèrent pour leur compte cette nouvelle mine de plomb en saumons. Un seul homme périt victime de son audace, il ne reparut jamais, mais cela n'empêche pas les autres de plonger chaque été pour s'emparer du plomb.

Mœurs et coutumes. — Courageux jusqu'à un certain point, ils perdent cependant facilement la tête en cas de danger, et sont superstitieux, comme presque tous les ma-

telots et pêcheurs. Ils ne partiront jamais pour une expédition sans avoir soigneusement examiné leur almanach, afin de s'assurer si le jour est propice. Il consultent le sort pour savoir si la pêche sera fructueuse ; si le jour est néfaste, ou le sort contraire, les meilleures marées et les vents les plus favorables ne pourront les décider à lever l'ancre. Pour s'assurer le succès, le plus jeune des matelots brûle au moment du départ une imitation grossière de lingots d'or et d'argent faite en papier, et il allume chaque soir des bâtonnets odorants devant la statuette de l'impératrice du ciel *Tien hou*, aussi appelée *Hai shen mou* Mère sainte de l'Océan.

Les femmes sont robustes, et bien qu'elles observent régulièrement la coutume de se mutiler les pieds, elles font presque toute la grosse besogne chez elles, ou aux champs ; préparant les repas, faisant les filets, ramassant le coton qu'elles filent et tissent, pendant que les hommes sont à la pêche. Elles récoltent le thé, le font sécher au soleil, et la provision de la famille étant faite, s'il en reste assez pour le vendre, on envoie le surplus dans la province du Kiangsu. Les femmes du peuple nourrissent longtemps leurs enfants et il n'est pas rare de voir un enfant de deux ans et même plus, pouvant se tenir solidement sur ses jambes, et debout, suçant encore le sein de sa mère. Dans les familles riches, on prend quelquefois des nourrices à gages. Comme partout en Chine, les femmes sont très-fécondes, les familles de quatre et cinq enfants sont fréquentes, même chez les pauvres, et elles seraient encore plus nombreuses si on ne recourait pas si fréquemment à l'infanticide. Les filles sont surtout sacrifiées. L'accouchée garde généralement le lit pendant trente jours ; les parents lui envoient de la viande, quatre poissons, du vermicelle et du sucre pour ses repas de nuit. La veille ou l'avant-veille du mariage, la perruquière vient " ouvrir la figure" de la future épouse en lui coupant quelques mèches de cheveux sur le devant du front. Les femmes ont aussi la déplorable habitude de tirer leurs cheveux en arrière pour en former deux ailes plates, ce qui les rend chauves de très-bonne heure.

La polygamie, commune chez les riches, est rare parmi les pêcheurs, car ils n'ont pas les moyens de nourrir plus d'une femme. Chaque maison, bien que ne consistant souvent qu'en une ou deux chambres, est une petite colonie, où l'on trouve fréquemment trois générations : les grands parents, leurs enfants, et les enfants de ces derniers. Tous sont actifs, prenant leur part de la besogne. La séparation des sexes si rigidement observée partout, n'existe pas chez ces pauvres gens.

Parias. — Près du port de Chingkiamen existent des gens venus du Fokien et auxquels il n'est pas permis d'habiter sur terre. Toute la famille se trouve ainsi forcée de vivre sur des bateaux. Ils ne peuvent aucunement se mêler aux autres, ni subir les examens, ou exercer d'autres professions que celles de barbiers et porteurs de chaise, ils châtrent aussi les coqs et les porcs. Leurs femmes sont perruquières et savent épiler an moyen d'un fil de soie qu'elles roulent sur le visage de leurs clientes, car ici elles ne peuvent toucher aux hommes qu'elles rasent à Ningpo. Elles ont un costume particulier qui consiste en une jaquette noire avec jupe bleue; pas plus que les hommes elles ne peuvent porter des broderies ou des couleurs sur leurs souliers. Elles portent sur la tête le même bandeau que les autres, mais il doit être d'une couleur sombre et dépourvu d'ornements. Dans leur intérieur cependant elles ne sont pas tenues à observer ces règles. Ce n'est qu'à la troisième ou quatrième génération, que leurs fils peuvent se présenter aux examens.

On trouve encore à Chusan une seconde classe de parias vivant à terre, ils sont surtout musiciens et on les loue pour les fêtes de mariage, les pompes funèbres ou les processions religieuses. Comme les premiers, ils ne peuvent s'unir qu'entre eux.

Opium. — Les pêcheurs de ces îles sont aussi adonnés à l'usage de l'opium, mais ils ne le fument qu'à terre ; à bord, leur vie est sobre et laborieuse. A toutes les observations qu'on leur fait, ils répondent que l'opium leur sert de médecine et leur donne des forces. En tout cas, l'usage de cette drogue les amollit considérablement. Leurs femmes qui n'en usent point, sont en général plus courageuses que les hommes. De fait, ce sont les plus énergiques que j'ai vues dans tout le Nord de la Chine, elles semblent ne rien craindre, dès qu'elles ont la tête montée; connaissant leurs pouvoirs, elles se sont plus d'une fois rendues chez un mandarin dont elles croyaient avoir à se plaindre, à tort ou à raison. Un jour elles en saisirent un de force dans sa chaise et lui firent passer un mauvais quart d'heure.

Une autre fois on voulut imposer l'impôt du sel aux habitants d'une de ces îles ; ils résistèrent. Les soldats de Chusan envoyés contre eux, trouvèrent une résistance acharnée et se firent battre. A leur retour ils furent hués par les femmes, qui les désarmèrent, et les dépouillèrent entièrement de leurs vêtements. Comme plusieurs avaient été tués ou blessés dans l'expédition, leurs femmes se portèrent en masse au tribunal du gouverneur, qu'elles assiégèrent et exigèrent une compensation en argent pour la perte ou la détérioration de leurs époux. D'autres se rendirent dans les temples, et s'emparant des cloches, des tambours et des gongs sacrés sonnèrent un tocsin de leur invention. Bon gré mal gré il fallut capituler devant le *sexe faible*, chaque veuve reçut 400 dollars pour s'acheter un nouvel époux, les autres obtinrent des compensations pour les blessures reçues par leur maître et seigneur.

Coutume curieuse. — A Chingkiamen on trouve chaque année bon nombre de pêcheurs du Fokien, or il existe parmi eux une coutume curieuse et peu connue, mais que je tiens de source certaine. Dans cet endroit, les jonques sont longtemps absentes de leur pays, alors le capitaine emmène sa femme avec lui. Ces femmes ont les pieds naturels et non mutilés, elles s'habillent en homme, portent comme eux leurs cheveux tressés en queue, et roulent un mouchoir sur leur tête en forme de turban. Elles ne descendent jamais à terre et ont la haute direction à bord, où tout le monde leur obéit. Quand les jonques retournent au pays, les femmes débarquent, reprennent leurs habits et les devoirs de leur sexe jusqu'à la prochaine saison de pêche.

Les jeunes garçons ne suivent pas leur père à la pêche, mais ils aident leur mère à préparer les filets etc., comme leurs parents ils sont élevés pour le métier de pêcheur et sont illettrés.

Les pêcheurs ont une réputation de mœurs très-dissolues et on assure que chaque été un grand nombre de femmes publiques quittent le district de Ningpo et vont se fixer pour la saison dans les îles où sont établies les stations de pêche. Autrefois les habitants des îles Chusan étaient des pirates si redoutables que les soldats des jonques de guerre envoyés contre eux préféraient signer avec eux une sorte d'alliance que de les combattre. De fait ils partageaient le butin pour prix de leur non-intervention et ils rentraient raconter des exploits imaginaires. Quant aux pêcheurs ils payaient une sorte de dîme à ces écumeurs de mer qui reconnaissaient un roi établi dans l'île de Taishan et mort il y a seulement quelques années. Mais la navigation à vapeur et la présence des navires de guerre étrangers, dans les eaux chinoises, mit bientôt un terme à la piraterie, du moins dans ces parages, car elle existe encore dans le sud de la Chine, sur les côtes de Hainan et de Formose.

Maintenant la plupart des habitants sont engagés dans la manufacture du sel et ne pouvant plus voler les voyageurs, ils volent le gouvernement en faisant la contrebande du sel qu'ils introduisent secrètement dans les provinces du continent où il est le plus cher.

Costume. — Le costume de ces gens ne semble pas avoir changé depuis des siècles. La couleur générale de leurs vêtements est fournie par l'indigo, ou la noix de galle. En été, les hommes se contentent pour tout vêtement d'un large pantalon de cotonnade bleue et encore, à bord de leurs bateaux, ils sont presque toujours dans l'habit très-simple que leur donna dame nature. L'hiver ils portent une chemise de coton se boutonnant sur le côté droit, et recouverte d'une jaquette bleue boutonnant de même. Quand il gèle, ces vêtements sont ouatés ou bien ils en mettent plusieurs paires, souvent cinq ou six l'une sur l'autre. Les gens riches portent des vêtements ouatés avec des déchets de soie, ce qui les rend très-chauds sans augmenter beaucoup leur poids. Les pauvres se contentent de déchets de coton et leurs vêtements sont la plupart du temps formés de pièces et de morceaux ; j'en ai vu qui auraient fait le bonheur d'un Callot. A leurs pieds ils portent des bas en toile de coton à semelle piquée et retenus au-dessus de la cheville par la jarretière qui y noue aussi le pantalon. Par dessus, les pêcheurs mettent souvent d'immenses bas, leur montant au genou, et faits en cheveux tricotés. Une paire de souliers de paille, ou simplement des sandales complètent l'équipement. Au travail, ils portent toujours la queue roulée autour du crâne ou réunie derrière la tête en une sorte de nœud ou chignon retenu par une aiguille de métal ou de bois, que les plus pauvres remplacent tout simplement par un de leurs bâtonnets à manger faits en bambou. Les jours de gala, ou lorsqu'ils descendent à terre, ils se roulent autour de la taille et par-dessus le pantalon, une sorte de jupon ouvert, de coton bleu, souvent orné aux poches de broderies en soie de couleur.

La coiffure d'hiver est une sorte de bonnet cylindrique de toile de coton noire froncée sur le dessus où se trouve généralement un trou central ; ou bien encore un bonnet conique de feutre brun à bords relevés ; en été ils portent un petit chapeau de jonc tressé de Ningpo; c'est celui-là même qui est si à la mode aujourd'hui, que le port de Ningpo nous envoie chaque année par millions et qu'on nous vend ici pour vingt centimes, ce qui en paierait dix ou vingt dans le pays. En temps de pluie, ils portent un large chapeau conique en bambou et le *so-i*, par-dessus imperméable en bractées de palmier, cousues l'une sur l'autre.

Les vêtements des femmes sont faits de coton et sont de la même couleur que ceux des hommes. En été elles ne portent que le jupon et sur la poitrine une sorte de plastron ou losange retenu autour du cou par un cordon de soie, ou même une chaînette d'argent quand elles peuvent se payer cette petite coquetterie. Les plus fortunées portent aussi des épingles de tête, des pendants d'oreilles, des bagues en forme de tube et des bracelets forme étrusque (une simple corde, formée de deux gros fils tordus ensemble), le tout en argent peu allié.

En hiver, elles mettent une longue jaquette boutonnée sur le côté droit, et à longues manches larges retombant sur les mains. Celle des jours de fête est bordée de passementeries ou de broderies en soie de couleur, de même que leurs petits souliers qu'elles fabriquent toujours elles-mêmes.

Comme les hommes, elles ont toujours à la main une longue pipe à tuyau de bambou avec petit fourneau hémisphérique en cuivre et à gros bouquin en verre ou jade commun, souvent en agate. La toilette des femmes non mariées est la même, sauf qu'elles ne portent pas le jupon pardessus le pantalon et qu'elles emploient plus de couleurs. Elles mettent moins de rouge et de blanc sur leur figure que leurs sœurs du continent, mais elles se peignent toujours pour les grandes cérémonies, ou les jours de fête. Le rouge leur est fourni par la fleur du carthame, et le blanc est fabriqué avec la farine qui se trouve dans les graines de la plante appelée communément Gloire du Pérou *(Mirabilis dichotoma)*.

Mobilier. — Le mobilier de ces pauvres gens consiste en bien peu de chose. Les objets les plus importants sont le lit et les ustensiles de cuisine. Le lit se compose généralement d'un cadre de bois sur lequel sont tendues des cordes de fibres de palmier, formant une sorte de lit de sangles, léger et élastique, appelé *Tsung-pan (tsung*, palmier, *pan*, une planche). Deux bancs ou tréteaux servent de pieds. Là dessus on place un petit matelas de coton d'environ deux ou trois centimètres d'épaisseur, un autre matelas sert de couverture piquée, un petit oreiller carré et oblong sert de traversin quand on ne se contente pas d'une botte de paille de riz. Voilà tout le couchage pour l'hiver.

En été une natte de jonc, une grossière moustiquaire faite d'une toile de chanvre tissée à jour, c'est tout ce qu'il faut dans ces latitudes chaudes. L'oreiller-traversin de coton ou de paille est alors remplacé par un petit banc en lattes fines de bambou, frais et élastique à la fois.

Les pauvres n'ont point de vêtements de nuit et ils se roulent tout nus sous leur couverture, ayant soin l'hiver de placer leurs vêtements dans une espèce de chauffoir fait d'une cage de bambou suspendue dans un baquet au fond duquel on a déposé les cendres chaudes du foyer.

L'été, à bord de leurs jonques, comme ils n'ont point la place de monter une moustiquaire, ils se réfugient dans un trou de la cale et brûlent, pour éloigner les moustiques, des bâtonnets faits de sciure de bois de génevrier, mêlée à de la poudre d'arsenic, du tabac et du bezoar indien. Souvent ils se contentent de mettre le feu à une corde grossière faite de feuilles et de tiges d'armoise (*Artemisia indica*) dont ils se servent aussi comme de mèche pour allumer leurs pipes et le feu de la cuisine. A défaut de mèche ils se servent d'un briquet et d'une sorte d'amadou fait avec le duvet d'armoise trempé préalablement dans du salpêtre. Le silex est importé d'Angleterre, car on ne le trouve pas en Chine. Ils le remplacent souvent par du cristal de roche grossier ou simplement un morceau de quartz blanc.

Les ustensiles de cuisine consistent en deux chaudières de fonte, hémisphériques, scellées dans un fourneau de briques.

Pour en augmenter la capacité on lute sur le bord, avec un mélange de chaux et d'huile, un baquet sans fond que l'on recouvre d'un baquet plat renversé servant de couvercle mobile. L'un de ces appareils sert à faire bouillir l'eau, dans l'autre on cuit le riz à la vapeur, puis les légumes ou la viande qu'on y pêche avec une écuelle en bois. Le chauffage se fait avec des feuilles et des herbes sèches ou les longues tiges fleuries de *Phragmites* ou autres roseaux. A bord on se sert d'un petit fourneau de terre cuite, pareil à celui de nos laboratoires et les roseaux trop volumineux, sont remplacés par d'excellent charbon de bois. Un éventail sert de soufflet; les poumons humains en tiennent aussi souvent lieu, on dirige alors le souffle sur les charbons au moyen d'un tube de bambou qui n'est d'ordinaire que le tuyau de la pipe.

Quelques bols de porcelaine grossière, une ou deux écuelles de même matière, le tout serré dans une armoire en bambou, complètent le service de table. Deux ou trois bancs, une table vernie à l'huile et peut-être une chaise ou deux en bambou, voilà tout le reste du mobilier dont on se dispense d'ailleurs à bord des jonques où le pont sert à tout.

Nourriture. — Le fond de la nourriture des pêcheurs des îles Chusan consiste en riz glutineux appelé *Ngo-mi* et en poisson. Une soupe faite de poisson bouilli avec de l'eau, du sel et du riz, est considérée par eux comme très-fortifiante. Ils font trois ou quatre repas par jour.

De six à douze bols, suivant leurs moyens, remplis de poisson ou de légumes forment les plats substantiels; au milieu est une jarre ou un baquet de bois plein de riz bouilli. Chacun y plonge son écuelle et remplit son bol aussi souvent qu'il lui plaît. Les assaisonnements sont la sauce noire appelée *soye*, ou une sauce rouge faite de crevettes pilées dans l'eau salée. Le sel est abondamment employé ainsi qu'une espèce de fromage fait de haricots et appelé *Toufu.* Insipide par lui-même, ce fromage devient agréable quand on le mélange au soye, il rappelle alors quelque peu le roquefort.

Ce que nous venons de décrire est le repas de tous les jours à la mer, mais à terre, il se complique souvent de patates douces, cuites avec le riz, de gâteaux de maïs, des légumes frais ou salés, des jeunes pousses de bambou, auxquels on ajoute des méduses salées, des holothuries et des ailerons de requin cuits avec des œufs ; des oies, un canard ou un vieux coq aux choux du Shantung. Pour les jours de fête on tue un cochon ou une chèvre, quant aux moutons il n'y en a point dans ces îles.

La chair de bœuf est inconnue, comme partout en Chine, pour deux raisons : les classes supérieures appartiennent à une secte qui considère que c'est un péché d'en manger. Pour les pauvres, ils trouvent que ces animaux leur sont plus utiles pour labourer les champs ou faire tourner les roues hydrauliques qui doivent les irriguer.

Boissons. — Le thé est la boisson générale et chaque famille en possède quelques plantes qui suffisent à sa consommation. Les feuilles sont simplement séchées au soleil. Ce thé donne une infusion couleur de vin blanc et d'un goût extrêmement délicat ; quand on s'y est habitué, on ne peut plus boire le thé tel que nous le connaissons en Europe et qui est au thé des indigènes ce que le café noir serait à une infusion de café vert. Je dois ajouter que le thé de ce pays est le meilleur thé de toute la Chine.

Mais le thé serait un stimulant insuffisant à cette classe livrée à de rudes travaux ; aussi les boissons alcooliques sont-elles en grand usage, surtout à terre, car on dit qu'ils en usent peu à bord. Ces alcools connus sous le nom de *Samshu* c'est-à-dire " trois fois distillé " viennent des deux ports du Nord Tchéfou et Niuchuang où on les obtient par la distillation du sorgho (*Holcus Sorghum*).

Vin de Shaohsing. — On se sert aussi beaucoup d'une boisson fermentée appelée *Shaohsing chiu* (vin de Shaohsing) du nom de la ville du Chêkiang où on fabrique le meilleur. On en exporte de Ningpo d'immenses quantités, il est renfermé dans des vases de terre, forme amphore, lutés avec de la terre glaise ; c'est avec les jambons de Kinhua, une des productions les plus importantes du pays. Il existe en effet un proverbe chinois qui dit que « le vin de Shaohsing et les jambons de Kinhua se trou- « vent dans toute l'étendue de l'empire » tant est grande leur renommée.

Ce vin a été chanté par le Frère Odoric, Rubruquis, Ysbrandt Ides, le père Ripa, l'abbé Huc et bien d'autres, dans les termes les plus extravagants. L'un l'appelle une noble boisson, une autre dit que sauf par l'odeur on ne peut le distinguer du meilleur vin d'Auxerre; un troisième le compare au Madère. Pendant l'occupation de Ningpo en 1857 plusieurs officiers français qui en goutèrent, déclarèrent que ce devait être du Sauterne que leurs domestiques indigènes avaient volé chez des européens. Ce vin se boit toujours chaud et à cet effet on le sert dans de petites théières d'étain que l'on maintient toujours à la température du thé. Pendant un voyage d'un mois dans la province du Chêkiang, je n'ai bu que ce vin et l'ai toujours trouvé excellent. Il y en a de différentes qualités, car il se bonifie avec l'âge, aussi celui qu'on sert dans les bonnes maisons est-il toujours connu sous le simple nom de *Lao chiu* " vieux vin ". La fabrication de cette boisson remonte, dit-on, aux temps les plus reculés. Bien que de qualité inférieure, celui que l'on boit dans les maisons des pêcheurs est fort bon. On a quelquefois essayé d'en apporter en Europe, malheureusement il supporte mal les voyages et la chaleur le gâte. Il est peu alcoolique, tandis que l'alcool de sorgho est tellement fort qu'on peut le comparer plutôt à de l'esprit de vin. Cet alcool appelé Kaoliang chiu (vin de Kaoliang) mesure en effet, quand il est pur, 90 degrés à l'aréomètre. C'est dans un tonneau de cet esprit que j'ai rapporté, en parfait état de conservation, les poissons dont j'ai parlé plus haut. On obtient aussi dans ce pays de l'eau-de-vie en distillant des patates douces réduites en pulpe fermentée avec addition d'eau.

Bien que les chinois usent beaucoup d'alcooliques, ils en abusent si rarement que je n'ai jamais vu que deux hommes ivres pendant un séjour de sept ans et demi dans ce pays.

Nosologie. — D'après de nombreuses informations prises dans les hôpitaux des missions catholiques françaises de Ningpo, Chusan et Hangchou et aussi auprès des médecins-missionnaires anglais, il résulte que les maladies les plus communes dans le pays sont les fièvres intermittentes et rémittentes, une sorte de typhus et la dyssenterie, causées surtout en été par les miasmes et la malaria, qui se dégagent des rizières et des terrains marécageux exposés au soleil, et aussi par l'influence des rosées des nuits d'été, lorsqu'on s'y expose imprudemment. Viennent ensuite la petite vérole, le choléra, l'empoisonnement par l'opium résultant de l'abus trop fréquent que l'on fait ici de ce puissant narcotique. La lèpre, commune dans les provinces du Nord et qu'on suppose causée par des habitations humides ou l'emploi de poisson putréfié comme nourriture, n'a pas été observée. Par contre, j'ai vu à Chusan de nombreux cas d'éléphantiasis parmi les paysans, cela tient sans doute à ce qu'ils sont constamment dans la boue des rizières, car je ne l'ai point rencontrée chez les pêcheurs. La même remarque s'applique à la petite vérole, qui me parait rare chez la population occupée sur mer. Il en est de même des maladies de peau, ce qui est dû sans doute à la plus grande propreté des pêcheurs, qui se baignent volontiers.

La population agricole au contraire n'emploie jamais l'eau froide et se baigne rarement. Les soins de toilette consistent simplement à se passer matin et soir sur le cou, la figure et les mains une serviette de coton trempée dans l'eau bouillante et soigneusement tordue (de peur d'employer trop de liquide). Il est vrai que ce système est extrêmement rafraîchissant pendant l'été ainsi que j'en ai souvent fait l'expérience.

Il est probable que si ils se lavaient soigneusement les yeux, comme le font les habitants de Péking, il y aurait moins d'ophthalmies et autres maladies des yeux et des paupières qui sont ici très-communes. J'ai vu en effet, un grand nombre d'aveugles, la majorité parmi les hommes. Le docteur anglais Lockart, médecin-missionnaire, qui soigna de nombreux cas d'ophthalmies à Chusan en 1840 et 1841 attribue leur occurence si fréquente à deux causes :

1° Une inflammation grave de l'œil qui se produit au commencement de la mousson de Nord et Nord-Est, en Octobre, Novembre et Décembre.

2° Les effets dangereux d'une coutume des barbiers chinois qui, retournant la paupière inférieure de leurs clients en frottent doucement la surface interne avec un petit instrument d'ivoire ou de bambou en forme de grattoir ou de cuiller qu'il passent aussi profondément sous la paupière supérieure et jusque dans le coin interne et externe (*canthi*). C'est ce qu'ils appellent « laver l'œil », leur intention étant d'enlever toute portion de mucus qui pourrait être sur sa surface.

Chez les saulniers, fort nombreux ici, j'ai observé une maladie de peau très-curieuse, qui, dit-on, n'attaque que les hommes employés aux salines ; malheureusement, je n'ai point eu le temps d'étudier cette maladie que je crois peu connue.

En fait de médecine chinoise, j'ai entendu parler à Chusan d'une pratique secrète très-étrange. Le corps et le cœur d'un enfant né avant terme, sont vendus comme un fortifiant (*Pu yao*) de premier ordre. Le placenta, séché et réduit en poudre est aussi une des drogues dégoûtantes et trop nombreuses qu'on emploie dans le pays.

CHAPITRE II.

Continuation du voyage à Chusan. — Industrie du sel, l'Impôt de la Gabelle, révolte à Keusan, récolte à Ningpo, procédés de fabrication. — Poisson curieux. — Observations diverses. — Pêcherie à filets coniques. — Industrie de la glace, description des glacières. — Les Missionnaires. — Coquilles d'eau douce. Coquilles terrestres. — Tortues diverses et Reptiles. — Insectes de Chusan. — Poissons de mer et d'eau douce. — Jurisprudence de la pêche maritime et fluviale. — Associations de pêche.

Mais revenons un peu à mon voyage et reprenons le fil du journal.

Continuation du voyage. — Le 16 Novembre, en m'éveillant, je m'aperçus qu'au lieu de me trouver à l'ancre dans la baie de Tinghai comme je m'y attendais, j'étais à sec sur un banc de boue à un jet de pierres d'un des nombreux îlots de l'archipel. J'appris alors que mon imbécile de pilote craignant le mauvais temps, avait d'abord jeté l'ancre à Tamao, mais une éclaircie s'étant faite, il avait poussé jusqu'à Bell-rock et s'était mis sur la boue, méthode toute chinoise de se mettre à l'abri des vagues. Chaque nuit on va se mettre ainsi sur la vase où la marée du matin vient vous reprendre. Certains bateliers tirent même leurs barques sur le rivage. Il est vrai de dire que c'est le meilleur moyen de dormir en paix. Je dus donc m'armer de patience et attendre que la mer voulût bien venir nous reprendre ; seulement, ne désirant point tout-à-fait perdre mon temps, je hélai les naturels de l'île qui vinrent me prendre au moyen d'un léger bateau qu'ils poussèrent sur la boue. En attendant le retour de la marée, j'examinai l'îlot formé d'une sorte de grès rouge volcanique, dans les anfractuosités duquel poussaient quelques arbres rabougris, entre autres l'orme chinois à petites feuilles, *Ulmus microptelea*, qui perd son écorce comme nos platanes et voit souvent ses feuilles mangées jusqu'à la dernière par des milliers de chenilles processionnaires. Je trouvai aussi en graine le *Rhus semi-alata*. Quelques saules étaient plantés près des cabanes des saulniers. Ce fut là en effet que je pus observer les premières salines des Chusan, telles que je les trouvai ensuite sur les côtes basses de la plupart de ces îles, et voici ce que j'appris sur cette industrie.

Industrie du sel. — Le sel est abondamment fabriqué sur la côte du Chêkiang et dans les îles. Le revenu annuel de l'impôt de la gabelle pour la province se monte, d'après l'Annuaire officiel de l'Empire, à 501,034 Taels (1) (onces d'argent) soit près de 3,732,703 fr. C'est, à l'exception des deux provinces du Chihli et du Shanse, celle qui rapporte le plus. La quantité de sel qu'on y récolte chaque année se monte, d'après les renseignements officiels, à

(1) 1 Tael = 7 fr. 45 centimes.

830,000 piculs (1) ou environ 50,195,080 kilogrammes. Ceci donnerait pour la consommation annuelle de la population une moyenne de 3k 556 par tête; moyenne fort basse si on la compare à celle que Macculloch admet pour chaque habitant de l'Angleterre : soit 22 livres anglaises ou 9k 988. Mais nous devons considérer que les chiffres donnés plus haut sont les chiffres officiels et qu'ils sont trop bas, vu qu'il se fait une forte contrebande. D'ailleurs le poisson salé, importé de certaines îles qui ne paient point l'impôt du sel, les légumes salés, les conferves marines et autres algues sont journellement employés par la majorité des habitants, ce qui augmente, je pense, du double la quantité de sel absorbée par la population; quelques personnes pensent même que la quantité de sel consommée directement ou indirectement par chaque individu peut être estimée, sans exagération, à 10 *cattis* (2) par an, soit 6k0476, quantité encore inférieure à celle que consomme par an un habitant de la Grande Bretagne.

Avant la rébellion des Taipings, les autorités vendaient des patentes pour une fabrication au moins double de celle que nous avons notée plus haut. Depuis, dans nombre d'endroits, les habitants se sont résolument opposés à la taxe sur le sel et on a dû la retirer.

Le sel du Chèkiang est vendu dans cette province et dans trois districts de la province d'Anhuey, à l'Ouest, après avoir dûment acquitté les taxes. La vente en dehors de ces limites est illégale et les marchands sont punis sévèrement quand on les découvre.

Commerce du sel. — Le commerce du sel étant libre dans les îles, et les terres salines n'y étant pas soumises

(1) 1 Picul = 60k 476

(2) 1 Catti = 0k 60476.

à la taxe, la production y est énorme, surtout dans l'île de Taishan. Ce sel est introduit clandestinement dans la province du Kiangsu, où il est vendu à un prix bien inférieur à celui du sel du pays. Dans le Chêkiang, le commerce du sel étant un monopole, les marchands doivent acheter une patente. Le nombre des patentes n'est pas limité ; mais on achète du commissaire de la gabelle, moyennant application préalable et paiement de deux taels (14 fr. 90) par *Yin* (380 catties = 230^{k} 71), une patente pour la vente d'une certaine quantité de sel. Il n'y a point de limite fixée, cela dépend seulement de la quantité dont l'on veut disposer. Ces patentes sont transférables, mais ne sont valables que pour la vente dans un endroit déterminé, désigné par les commerçants eux-mêmes. Ceci leur donne le privilège et le droit à la protection des autorités contre les contrebandiers ou les fraudeurs. Mais il arrive souvent que ces précautions sont rendues inutiles par la résistance du peuple et le manque de police douanière organisée ou de forces militaires suffisantes.

Impôts sur le sel. — Les terres salines n'étant point taxées, les droits sont perçus sur les cristallisoirs; chacun d'eux paie de vingt à trente sapèques (de 10 à 15 centimes). Mais souvent les propriétaires s'entendent avec les mandarins militaires chargés de la perception, et obtiennent ou achètent la faveur de payer en gros une somme fixe perçue annuellement. Le sel est frappé d'un impôt, à son entrée sur le continent, variant de 30 à 40 sapèques (15 à 20 centimes) par catti. Le poids est déterminé par des officiers publics, qui, comme les percepteurs, achètent leur charge. On leur paie une commission de un pour cent sur le poids. La conséquence est que la livre de sel (catti), qui ne coûte que 3 ou 4 sapèques (0 fr. 003) à Chusan, se paie dix fois ce prix dans la province du

Chèkiang et plus encore dans celle du Kiangsu. Aussi, malgré la sévérité des lois, la contrebande y est-elle grande. Tout navire engagé dans le commerce illicite du sel peut être saisi et l'équipage envoyé en exil. A l'entrée de la rivière de Woosung, menant au port de Shanghai, huit jonques de guerre sont constamment en station pour courir sus aux fraudeurs. L'exportation du sel en pays étranger est sévèrement prohibée.

Le meilleur sel vient de l'île de Taishan, située dans des eaux claires. Cette industrie y fut établie par des paysans du Chèkiang que la révolte des Taipings força d'abandonner leur pays. Leurs maisons ayant été détruites, leurs propriétés ravagées ou étant passées en d'autres mains, ils se sont fixés sur cette île et vivent entièrement de l'industrie du sel.

Révolte de Keusan. — Dans la crainte de les voir se révolter, on n'a osé leur faire supporter l'impôt. En 1878 le gouvernement essaya d'imposer les salines de l'île de Keusan, au Nord de Chusan; les habitants se révoltèrent, battirent les premières forces envoyées contre eux et on dut envoyer de Ningpo des canonnières et des soldats armés à l'européenne. On ouvrit le feu sur les villages, on brûla et saccagea plusieurs maisons et quelques hommes furent tués. Le maire de l'endroit fut fait prisonnier et décapité. L'ordre fut rétabli, mais on n'osa point forcer l'établissement de l'impôt. C'est dans cette affaire que les troupes de Chusan furent si bien maltraitées par les femmes, et qu'eut lieu l'épisode que que nous avons raconté plus haut.

Révolte à Ningpo. — Depuis le règne de l'empereur Yung Ching (il y a près de 150 ans) jusqu'à nos jours 1869-70, le monopole du sel à Ningpo resta dans les mains d'une seule famille du nom de *Chiang*. Le dernier fermier de la gabelle de ce nom ayant pris des mesures très-sévères pour réprimer la fraude, les pêcheurs et les paysans du golfe Nimrod et des villes des environs se levèrent en masse et vinrent à Ningpo où ils brûlèrent la maison du percepteur, pillèrent ses magasins qu'ils rasèrent ensuite. La révolte fut menée par les bourgeois les plus influents du pays qui, après avoir battu les troupes en plusieurs rencontres, se retirèrent dans les montagnes où ils tinrent longtemps. Depuis cette époque, le district de Ningpo est exempt de la nécessité de payer patente.

Toute personne peut, sans contrevenir aux lois, importer ou exporter du sel, tous les droits étant réduits à la seule taxe de deux centimes par catti; mais cela seulement dans les limites du district.

Il n'y a pas de doute que si le commerce de cette denrée était débarrassé de toutes ces lois et difficultés, la production en serait plus que doublée. Mais en Chine, comme dans l'Inde, la taxe de la gabelle est maintenue, vu l'immense revenu que le gouvernement en retire. Dans l'Inde le revenu de la gabelle arrive en troisième ligne, l'impôt foncier et l'impôt sur l'opium prenant respectivement la première et la seconde place. En Chine le revenu des gabelles prit la première place après le revenu des contributions foncières, jusqu'au jour où l'augmentation du commerce étranger amena les droits de douane en seconde ligne.

Procédés de fabrication. — Ayant étudié l'histoire et la législation de la gabelle, je vais maintenant décrire la fabrication du sel, telle que je l'ai observée à Bell-rock et sur la côte Sud de Chusan, qui n'est qu'une vaste saline.

On choisit près de la mer un espace horizontal de

500 à 800 mètres carrés qu'on nivelle soigneusement au moyen d'un énorme rouleau de granit et qu'on entoure de murs de boue. On y laisse entrer l'eau aux hautes marées, ou bien on l'y transporte, soit avec une noria soit par d'autres moyens; on laisse l'eau s'évaporer à moitié, puis on en introduit une nouvelle quantité. On renouvelle cette opération jusqu'à ce que le sol soit fortement imprégné de sel. Alors on le laboure et on enlève la surface à la pelle.

Cette terre, avec le sel et autres dépôts marins ainsi obtenus, est portée aux salines, où on en fait une bonne provision qu'on amasse en meule, protégée contre les pluies par des nattes de paille. Cette opération se fait ordinairement une fois par an, vers l'équinoxe du printemps. La terre salée est alors traitée à nouveau ; on en prend une certaine quantité au tas, et on l'étend sur l'aire de la fabrique (cette aire est bien nivelée et battue, puis durcie avec de lourds rouleaux de pierre) ; réduite en poudre, on l'imbibe d'eau de mer qu'on laisse évaporer ; en répétant cette opération, on obtient une masse spongieuse, couverte d'efflorescences salines. Ramassant de nouveau cette terre sursaturée au moyen d'un large grattoir, on la place dans un grand réservoir conique en terre grasse, dont le fond est percé d'un trou surmonté d'une couche filtrante de balle de riz et de cendre, ou mieux de charbon de bois en poudre. Sur le tout on verse de l'eau de mer qui, traversant la terre, filtre lentement à travers la paille et tombe enfin claire et fortement saturée de sel dans une jarre ou baquet où la conduit un tube en bambou. On la verse alors sur des plateaux rectangulaires en bois, mesurant près de deux mètres de long, environ soixante centimètres de large sur deux de profondeur. Là elle s'évapore plus ou moins vite selon le temps et la saison. En été un de ces cristallisoirs donne cinq à six cattis de sel par jour. En hiver le maximum de la production tombe à un catti et demi et au-dessous.

Ces plateaux sont faits en planches de pin huilées et ils sont soigneusement rendus étanches au moyen d'un calfatage au *chunam*, sorte de mastic fait d'huile et de chaux mélangées. Ils portent tous, imprimé au fer chaud, le sceau du mandarin, prouvant qu'ils ont acquitté les droits. Ils peuvent durer quinze ans et coûtent de trois à quatre francs pièce. A chaque bout se trouvent deux poignées permettant de les remuer plus facilement. En temps de pluie on les empile l'un sur l'autre, quand il vente on les assujettit en les chargeant aux angles de quelques lourdes pierres. Pour faciliter l'évaporation, on les élève légèrement au-dessus du sol humide en les posant sur quatre piquets. On fait chaque soir la récolte du sel au moyen d'un râcloir en fer ; on le place ensuite dans des sacs en jonc qu'on emmagasine. Quelques familles possèdent plus de cent cristallisoirs et l'on estime que chacun d'eux peut fournir pour une piastre de sel par an (soit cinq francs).

L'eau mère, résidu incristallisable, est employée pour précipiter la caséine dans la manufacture du fromage de haricots (*Tou-fu*). C'est aussi un poison auquel ont recours les personnes fatiguées de la vie.

Ce sel n'est ni aussi pur ni aussi blanc que celui que l'on obtient par ébullition dans le golfe de Nimrod et qui est renommé pour sa blancheur et son excellente qualité, dues, dit-on, à l'emploi d'un chaudron fait de bambou et de chaux, au lieu d'une chaudière en fer. A Ningpo il y a une proportion de 90 pour cent de sel de Chusan et 10 pour cent de sel bouilli de Nimrod Sound. Je n'ai point trouvé à Chusan le petit crustacé qui vit dans les eaux les plus saturées de nos salines françaises.

Par contre le sol est perforé par les trous d'un petit crabe curieux, le *Gelasimus bellator* dont l'unique et formidable pince est plus grosse que tout son corps.

Poisson curieux. — Ce crabe se trouve là par milliers, ainsi qu'une sorte de petit poisson à gros yeux saillants sur la tête et à demi amphibie, grâce à un curieux réservoir d'air ménagé près des branchies. Il se promène partout sur la boue, grâce à ses nageoires pectorales qui ont une articulation ressemblant fort au bras des phoques. Ce charmant petit être perlé de bleu sur un fond noir possède aussi sous la poitrine une sorte de nageoire circulaire, formant ventouse, qui lui permet de se fixer assez solidement sur les pierres et même de s'élever hors de l'eau sur le verre d'un aquarium. Son organisation anatomique est des plus curieuses, et n'a pas encore été, je crois, décrite minutieusement comme elle le mériterait. Il y en a au moins deux variétés qui diffèrent de la variété Japonaise que Siebold découvrit au Nippon. C'est un *Boleophthalmus*, peut-être le *B. Boddaerti.* Il est aussi appelé *Periophthalmus*, on en compte au moins deux espèces. Il est employé comme appât vivant par les pêcheurs.

Observations diverses. — Je visitai les cabanes des saulniers, elles sont basses, humides, bâties en pierres sèches et recouvertes en chaume. L'un des hommes souffrait d'une sorte d'eczema aux jambes avec des plaies en plusieurs endroits. Cette maladie, dont j'ai déjà parlé plus haut, est peut-être due à l'insalubrité de ces habitations et à la nourriture misérable de ces pauvres gens.

La marée étant revenue nous prendre, j'allai visiter une autre île que je parcourus à pied du sud au nord pendant que ma barque remontait lentement dans la même direction et à contre courant. Là je trouvai en fruits le *Melia azedarach* dont les fleurs lilas ont un parfum si suave, et quelques *Viburnum.*

Au Nord de cette île, connue sous le nom de *Pwanche*, nous dûmes encore mettre à l'ancre ; la marée descendait avec une rapidité telle qu'on voyait l'eau courir sur les roches comme dans une écluse de moulin, et bien que le port de Tinghai fût à 3 milles en face de nous, la brise était insuffisante pour nous y mener contre ce courant épouvantable.

Pêcherie à filets coniques. — J'en profitai pour visiter une pêcherie d'au moins 100 filets appartenant à une vingtaine de gens. Ils sont retenus en position au moyen d'un solide pieu fait d'un gros bambou, ou d'un jeune sapin piqué dans la boue et autour duquel le filet tourne présentant toujours son ouverture au courant, qui y entraîne crabes, crevettes et poissons de toutes espèces. Ces filets, tissés en chanvre d'ortie de Chine (*Urtica nivea*) et teints avec l'écorce de palétuvier, sont de forme conique, ou mieux plats, avec une ouverture quadrangulaire mesurant 6 pieds de largeur ; ils vont diminuant graduellement ainsi que les mailles, dont on compte quatre grandeurs, variant de 2 centimètres à 1,2 centimètre de côté. Ils sont même souvent terminés par une poche en toile grossière. Leur longueur totale est d'environ 54 pieds et ils coûtent de 75 à 100 fr. la pièce. Les propriétaires de ces filets paient une légère redevance au gouvernement comme droit de pêche. Tout intrus ou maraudeur est jugé par un conseil de pêcheurs et sévèrement puni. Ils administrent ainsi la justice entre eux et n'ont recours aux mandarins qu'à la dernière extrémité, car les procès sont dispendieux sinon ruineux.

Fatigué d'attendre le retour de la marée, je descendis dans un léger youyou manœuvré par deux solides matelots, et luttant courageusement contre le courant, nous réussîmes à aborder à Chusan, mais à plusieurs kilomètres à l'ouest de la ville de Tinghai, que m'indiquait au loin le toît d'une église catholique, seul monument dépassant les murs.

Industrie de la glace. — En me dirigeant vers la ville, je remarquai non loin du bord de la mer les ruines de plusieurs glacières autrefois en assez grand nombre dans l'île. Aujourd'hui, toute la glace employée par les pêcheurs vient de Ningpo.

Comme le commerce du poisson est impossible dans ces pays sans l'emploi de la glace, les Chinois du Chêkiang se sont ingéniés de bonne heure à la conserver. On trouve, sur les bords du *Yung*, la rivière de Ningpo et entre cette ville et la mer, plus de 300 de ces glacières. Comme elles diffèrent essentiellement des nôtres, elles méritent une description.

Description des glacières. — Elles ne sont pas souterraines, comme on aurait eu le droit de s'y attendre, ceci à cause du terrain qui est trop humide. Toutes construites sur le même modèle, elles ont à peu près les mêmes dimensions, et consistent en un réservoir dont le fond est au niveau des rizières. Ce réservoir qui mesure environ 20 mètres de long sur 14 de large, est formé par quatre murs de terre de douze pieds de haut, sur 8 ou 10 d'épaisseur à la base et 3 au sommet. Ils sont quelquefois renforcés avec des pierres. Sur ces murs s'élève un haut toît de chaume à pente rapide et fort épais, posé sur une charpente de longs bambous. Dans ce toît est pratiquée une ouverture fermée au moyen d'un épais rideau de paille ; on y arrive par deux plans inclinés. C'est par cette ouverture qu'on remplit la glacière. Souvent une petite porte placée au nord dans l'épaisseur du mur et au niveau du fond sert à retirer la glace. Lorsque le temps est assez froid, on fait arriver l'eau dans les champs de riz et on y récolte la glace chaque matin, avant le lever du soleil. On prend grand soin de l'avoir aussi pure que possible ; à cet effet, certains endroits des champs immergés sont creusés assez profondément et les chemins et plans inclinés conduisant à la glacière sont recouverts de grossières nattes en bambou. On empile la glace en couches épaisses, séparées par de lourdes nattes de paille, qui servent également à recouvrir le tout quand le réservoir est plein. Dans le fond de la glacière sont creusées des rigoles, servant à conduire au dehors l'eau provenant de la fonte de la glace. Bien que fort simples, tous ces arrangements sont très-effectifs, et il est étonnant de voir la glace se conserver aussi facilement, malgré les fortes chaleurs de l'été. La plus grande partie du succès, sinon le succès tout entier, est dû à la nature de la terre qui forme le réservoir. C'est une terre épaisse et argileuse, ne séchant jamais complètement, si ce n'est à la surface. Elle est imperméable à l'eau comme à la chaleur, qui, dans des sols plus poreux ou sablonneux, ne manqueraient pas de pénétrer jusqu'à la glace et de la fondre. Avec ce système, la glace se conserve souvent pendant des années, ce qui est fort heureux, car l'hiver est quelquefois si doux qu'on ne peut en récolter. On dit même qu'une loi spéciale oblige les propriétaires à avoir toujours sous la main pour trois ans de glace, dans des glacières spécialement réservées pour cette provision.

La capacité d'une glacière varie entre 2,000 et 13,000 piculs, chaque picul étant équivalent à la charge d'un homme ou à 80 cattis, au lieu de 100 valeur en cattis du picul ordinaire.

Une glacière coûte de 300 à 400 dollars, y compris le

terrain d'environ deux acres, sur lequel on récolte la glace Le louage des coulies pour le transport et l'emmagasinage de 800 piculs revient à 130 dollars. Dans quelques cas, au lieu de payer les coulies, on leur donne dans les bénéfices résultant de la vente de la glace, une part égale à celle des propriétaires. Le prix de la glace varie de 6 à 10 sapèques le catti. Dans les bonnes années, 1,000 *tans* ou 800 piculs rapportent environ 500 dollars par an, la glace étant vendue à forfait par l'intermédiaire d'agents.

Les missionnaires. — N'ayant que quelques heures à passer à Chusan, et voulant avoir le plus de renseignements possibles sur ce pays, j'allai aussitôt faire visite à nos missionnaires catholiques, pour lesquels j'avais d'ailleurs quelques lettres et commissions; comme toujours, je fus reçu à bras ouverts par ces excellentes gens, toujours heureux de voir un compatriote et de causer un peu dans la langue maternelle. M. l'abbé Bret se mit entièrement à ma dispositiou et me donna la plus grande partie des renseignements que j'ai donnés plus haut, sur les mœurs et coûtumes du pays qu'ils connaissent à fond puisqu'ils en parlent parfaitement l'idiôme et vivent à la mode des gens au milieu desquels ils ont fixé leur résidence pour la vie. Pendant ma longue résidence en Chine, j'ai connu beaucoup de nos missionnaires et j'ai toujours éprouvé une admiration profonde pour leur dévouement à toute épreuve et leur immense charité. On n'a pas idée de la grandeur des sacrifices auxquels ces hommes se soumettent, des misères et des tristesses qu'ils ont à supporter. Je regrette que le cadre tout scientifique de cette étude ne me permette pas de m'étendre plus longuement sur ce sujet; il me serait doux comme français de faire connaître tout le bien qu'ils font en Chine et toute l'estime dont ils jouissent auprès des étrangers de toutes nations et de toutes sectes. Ils sont initiés à beaucoup d'études scientifiques et j'espère vous donner un jour une idée des travaux très-importants qu'accomplissent en ce moment en Chine ces Jésuites qu'on veut aujourd'hui expulser de France.

Le dialecte des Chusan différant essentiellement de celui de Peking, le seul qui me soit familier, M. l'abbé Bret voulut bien se mettre à ma disposition comme guide et interprète. Ma visite commença naturellement par les missions et surtout par l'asile de la Sainte-Enfance où je pus voir de mes yeux 90 petites filles recueillies et élevées par cinq sœurs, aux frais de cette association dont on a tant médit par ce qu'on ne la connaît point. Je n'eus malheureusement pas le temps de visiter la ferme école où les petits garçons de la même œuvre sont élevés sous la direction d'un collègue de M. Bret, qui leur apprend la culture des plantes du pays et les petites industries qui peuvent plus tard les aider à vivre.

En revenant à mon bord, j'observai des chinois pêchant des coquilles dans les canaux au moyen d'un crible en bambou sur lequel on accumule la vase au moyen d'un râteau formé d'une planche. On secoue le tout dans l'eau qui enlève la boue, et les coquilles restent sur le crible.

Coquilles d'eau douce. — Je pus ainsi me procurer plusieurs échantillons d'Anodontes, entre autres une fort belle espèce à coquille mince et veinée de lignes d'un beau vert et que le professeur E. von Martens à Berlin a reconnue pour l'*Anodon magnifica.* Je ramassai aussi plusieurs Paludines à coquille carénée et anguleuse, c'est le *Paludina angularis* Muller ou *P. quadrata* Bensom., espèce essentiellement chinoise. Plus loin, dans les champs de riz à sec, je trouvai de nombreux spécimens d'une superbe Paludine, qui atteint souvent jusqu'à cinq centimètres de longueur, sur trois de largeur à la bouche. Comme on en mange pendant tout l'été, j'en avais souvent rencontré des quantités au coin des rues, dans les tas d'ordures, mais elles avaient toutes été brisées à la pointe, pour en retirer plus facilement l'animal. Je doutais d'ailleurs de l'espèce; cette fois je fus assez heureux pour en ramasser une en parfait état, possédant encore son opercule corné et même quantité de jeunes à l'intérieur. J'étais fixé, c'était bien là la *Paludina vivipara* commune dans toute la plaine du Yangtze ou fleuve Bleu. Je n'eus point la chance de trouver de *Planorbis* bien qu'ils existent dans l'île, ainsi qu'une sorte de Lymnée qui ressemble fort à la *Lymnea rivalis* de Sowerby et paraît être la seule forme européenne. Par contre, je ramassai quantité de Corbicules dont il semble exister de nombreuses variétés. Le Dr Cantor découvrit à Chusan deux genres nouveaux : *Lampania* et *Incilaria*. Le premier est représenté par une coquille appartenant aux Potamides (Cérites d'eau douce), c'est le :

Potamides (Lampania) zonalis Gray, appelé *Batillaria* par Cantor. Le second est formé par un mollusque gastéropode terrestre appartenant à la famille des Limacidées, c'est le : *Incilaria bilineata* Cantor.

Coquilles terrestres. — Les roches calcaires étant rares, les coquilles terrestres le sont aussi; cependant je trouvai une jolie petite Helix blonde, commune d'ailleurs dans toute la Chine et qui est l'*Helix ravida*. On trouve aussi dans cette île l'*Helix trisculpta*, l'*Helix tectum sinense* anguleuse et d'un blanc mat; l'*Helix ciliosa* d'Adams; une *Clausilia* (*Shanghaïensis* ?), une *Pupa*. Les autres mollusques terrestres, d'eau douce ou saumâtre que je n'ai pu recueillir, mais qui ont été observés en 1840 par le Dr Cantor, attaché à l'armée anglaise qui occupait alors Chusan, sont :

Limax, Mytilus, Bullæa (exarata ?), Achatina, Succinium, Ampularia, Cyrena, Cerithium, Vitrina, Buliminus (Cantori ?), Melania.

Ce nombre de genres est remarquable, si l'on considère la petite étendue de la localité. Dans les eaux douces, on trouve deux espèces de sangsues, la sangsue officinale (*Hirudo officinalis*) et une autre fort curieuse dont la tête a la forme d'un marteau et qu'on a trouvée aussi dans l'Inde aux Naga hills en 1834. On y rencontre aussi un grand *Dytiscus* noir uni, le *D. marginatus*, et un *Nepa.*

Tortues diverses. — A l'obligeance de M. Bret je dois plusieurs spécimens de tortues qui me furent plus tard envoyées vivantes à Ningpo. J'ai pu reconnaître l'*Emys unicolor* Gray, aussi appelée *Emys nigra*, de sa couleur (on dit que *l'E. mutica* s'y trouve aussi). J'ai reçu également de Chusan de nombreux spécimens de *Tryonix (perocellatus)*. Les Tryonix de Chine appartiennent à des espèces essentiellement chinoises et arrivent souvent à des dimensions colossales. Le P. Heudes, missionnaire jésuite, publie en ce moment une monographie de ce genre dans lequel il a découvert de nombreuses espèces. Les unes vivent de poissons, les autres de coquilles; en conséquence leurs mâchoires diffèrent et c'est sur cette particularité, ainsi que sur la forme du plastron, qu'il se base pour les classer. Il y en a déjà une dizaine de décrites. (1)

Ces Tryonix se trouvent en quantité dans les lacs, rivières et canaux où on les pêche, car elles sont fort bonnes

(1) Mémoires concernant l'histoire naturelle de l'empire chinois par des pères de la compagnie de Jésus. — Premier cahier avec 12 planches. Mémoire sur les Tryonix. — Shanghai 1880.

à manger. Il faut en excepter la grande espèce, décrite par le P. Heudes sous son nom chinois de *Yuen*. Cette tortue qui arrive à mesurer un mètre et demi de longueur et à peser environ 100 kilogrammes, est sacrée aux yeux des Chinois qui la conservent soigneusement dans les piscines des pagodes où elle vit de nombreuses années et devient souvent centenaire. On en connait qui ont atteint 150 ans d'âge. Il est presque impossible de s'en procurer de spécimens vivants, les Chinois se refusant obstinément à la vendre. L'hiver étant déjà trop avancé, je n'ai pu étudier les autres reptiles de l'île et me contenterai de donner la liste de ceux qu'y récolta le Dr Cantor, savoir :

Reptiles. — Hemydactylus, Seps, Trionyx, Lycodon, Tropidonotus, Agama, Bufo, Python, Coluber, Naja, Rana esculenta, Hyla.

Le Naja est le seul serpent venimeux de l'île. A l'exception de la grenouille commune, tous ces reptiles appartiennent à des formes tropicales.

Les Tryonix sont mangées et forment un mêts très-friand conseillé aux estomacs faibles comme fortifiant. Les Emydes ne paraissent point sur la table. Les médecins composent avec leurs os une gélatine très-recherchée pour les phthisiques. On regarde cette tortue comme sacrée ; autrefois on s'en servait beaucoup pour la divination. Le peuple croit qu'elle a le don d'attirer le tonnerre ; il est à peu près persuadé que partout où la foudre éclate, il y a un *Wu Kuei* (Emys) à écraser. On croit aussi qu'il n'a qu'un sexe, idée saugrenue, et on le considère par suite comme l'animal impur par excellence, puisqu'il se reproduit d'une façon contre nature, aussi est-ce l'injure la plus grossière que d'appeler quelqu'un *Wu Kuei* ou *Wang pa tan* (œuf de tortue). Ceci équivaut à une malédiction épouvantable qui n'a de comparable que notre mot bâtard en langage décent.

Insectes. — Comme il faisait trop froid pour observer les insectes, je n'en parlerai pas, et je puiserai encore dans la liste du même auteur (Dr Cantor) pour ce qui concerne cette partie de l'histoire naturelle de l'île. La voici telle que je la trouve publiée dans le Chinese-Repository :

Insectes de Chusan.

Acrocinus
Acridium
Aeschna (clavata ?)
Agrion
Apis
Apodeus
Ateuchus (sacer ?)
Blatta
Bocydium
Bombus
Cassidia
Cetonia
Chrysomela
Cicada
Cimex
Coccionella
Conops
Coriarius
Corixa
Culex
Cyclous
Dytiscus (marginalis)
Elater
Eumolpus
Forficula
Gryllus
Gryllotalpa
Gymnetis
Gyrinus
Helops
Hister
Hydrous
Lamia
Libellula
Lucanus
Macraspis
Mantis
Melipoma
Musca
Myrmelion
Nepa
Noctoneta
Oestrus
Ontophagus
Panorpa
Papilio
Phalæna
Phanæus
Phryganea
Polistes
Spectrum
Sphinx
Sylpha
Tabanus
Trigona
Vespa
Xylocarpa

« Le plus grand nombre n'est pas identifié et leurs » formes sont tropicales ; ils ont même une forte ressem- » blance avec les insectes d'Assam et de Sylhet, collec-

» tionnés en 1835-36 par Messieurs Mac Clelland et Griffith.
» La Nepa et quelques papillons seuls sont apparemment
» les mêmes que ceux d'Europe. »

Poissons. — Tous les poissons appartiennent aussi à des espèces tropicales, sauf l'anguille, qui ressemble extrêmement à la nôtre, tout en constituant une variété chinoise, c'est l'*Anguilla latirostris*, aussi appelée *Anguilla sinensis*. Parmi les poissons d'eau douce, je fus extrêmement surpris de trouver l'*Anabas scandens*, ce curieux poisson de l'Inde, qui, s'aidant de ses écailles operculaires et de sa queue, arrive à grimper sur les arbres. Seulement, il est si petit, que je crois que c'est plutôt un *Polyacanthus*, peut-être le *P. cupanus*.

Dans les mémoires sur la faune ichthyologique de la Chine par Bleeker, j'ai pu trouver les noms des poissons suivants que j'ai aussi reçus de Chusan :

Lophius setigerus.
Muræna latirostris = Anguilla sinensis.
Muræncsox bagio Peters = Conger oxyrhynchus.
Monopterus javanensis Lac.
Amphipneus cuchia J. Müll
Callichrous bimaculatus Blkr.
Callichrous canio = Silurus mysoricus Val.
Parasilurus asotus = S. xanthosteus sinensis et japonicus.
Hara (Pimelodus) aspera Mccl.
Trigla Kuma = T. spinosa.
Ophiocephalus argus Cantor. = O. Pekinensis Basil.
Eleotris flammans.
Periophthalmus modestus Schl.
Trypauchen vagina Val.
Trichiurus muticus et intermedius Gr. Rich.
Stromateoides argenteus = Stromateus argenteus.
Halichœres nigrescens = Julis exornatus Rich.
Chætodon sinensis = Polyacanthus opercularis.
Lateolabrax Japonicus Blkr.
Sebastes marmoratus C. V. = S. sinensis.
Collichthys biaurata = Otolithus biauratus Cantor.
Hemisciæna lucida = Sciæna lucida Rich.

Mugil cephalotus = M. macrolepidotus.
Carassius auratus L. = Cyprinus auratus, macrophthalmus, quadrilobatus, Basil.
Cobitis anguillicaudatus Günth.= C. decemcirrhosus Basil.
Harpodon nehereus Günth.
Coilia (Chætomus) Playfairi Blkr.= Osteoglossum prionostoma.
Hemiramphus intermedius Cantor. = H. Melanochir Val.

Cantor nomme aussi les *Synbranchus, Colisa, Perca*, etc., et il y en a beaucoup d'autres que nous nommerons plus loin avec ceux de Ningpo.

L'*Ophiocephalus argus*, bien que commun dans les eaux douces de toute la Chine, fut trouvé pour la première fois à Chusan, par Cantor ; son nom chinois est Hei Yü, poisson noir.

Les poissons de mer sont extrêmement nombreux. On rencontre quelquefois au large quelques baleines, probablement l'espèce japonaise ; mais les Chinois ne savent pas les chasser. Les plus grands poissons pélagiques qu'on m'ait apportés des pêcheries de Ningpo sont des requins, qu'on chasse avec ardeur pour la valeur marchande des ailerons et de la queue, qui se vendent simplement séchés ou préparés. Dans ce dernier cas on enlève la peau et on ne laisse absolument que le cartilage fibreux, qu'on blanchit autant que possible et qui constitue alors un mets recherché et assez cher. J'en ai souvent mangé et fait manger. A l'exposition de Berlin on en servit dans deux déjeuners chinois offerts au Prince Impérial et aux commissaires des sections étrangères et membres du jury. Ces ailerons étaient préparés aux œufs pochés, ce qu'on appelle en chinois « Ailerons de requin aux chrysanthèmes »; tout le monde déclara ce plat excellent et plusieurs y revinrent à deux fois. Je dois ajouter qu'il en fut de même des autres plats composés essentiellement des produits des pêcheries de Ningpo et destinés à donner une idée réelle de la nourriture ordinaire des habitants des îles Chusan et de la côte du Chêkiang. Voici du reste la composition du menu de ces deux déjeuners :

1 Ailerons de requin aux œufs pochés ;
2 Holothuries aux grandes crevettes ;
3 Ventre de poisson (entrailles) au jambon et tremella ;
4 Haliotides gigantesques, sauce grasse ;
5 Sépias aux champignons de Mongolie ;
6 Chair de requin, sauce aux herbes ;
7 Riz glutineux à la Chinoise (façon dite Milanaise).

Tous ces mets venus de Chine, à l'état sec, furent préparés par le cuisinier chinois de l'ambassadeur de Chine, Li-Fang-Pao (qui voulut bien assister aux repas), et eurent un véritable succès. Comme on le voit, la chair de requin séchée entre aussi dans l'alimentation. Quant à sa peau, elle est soigneusement teinte en vert ou en gris, puis passée à la lime qui en adoucit toutes les aspérités ; on lui donne ensuite un beau poli, sous cette forme elle sert à recouvrir une foule d'articles tels que : pipes à eau, étuis à baguettes, fourreaux de sabre, étuis à lunettes, etc. Elle est très en vogue en France en ce moment, pour la fabrication des porte-monnaie, étuis à cigares et autres articles de Paris, dont la matière première, comme on le voit, vient de Chine.

Pendant mon séjour dans ces parages, les poissons que je rencontrai le plus souvent sur le marché, furent les suivants : 1° Le *Trichiurus lepturus* appelé par les chinois du pays *Taï Yü*, poisson ceinture, de sa forme plate et allongée ; dans le Nord, sa peau lisse et d'un blanc d'argent lui a fait donner le nom de poisson sabre. On le pêche soit au filet, soit à la ligne, et on l'apporte en grandes quantités sur le marché et dans de la glace. On en détache la tête, on le coupe en deux ou plusieurs tronçons qu'on empile avec de la saumure dans de solides baquets de bois de pin bien fermés et on l'expédie ainsi jusque dans les endroits les plus éloignés. Quelquefois aussi, mais seulement en été, on le sèche comme les autres poissons ; 2° Plusieurs espèces de raies, savoir :

Rhinobathus Schlegelii, Pteroplatea japonica, Raia pastinaca, Raia aquila, Trygon Kuhlii, etc.

Enfin viennent le maquereau, une grande quantité de roussettes, chiens de mer, de jeunes requins : *Mustelus manazo, Acantias vulgaris, Squalus carcharias, S. glaucus.* J'ai même acheté plusieurs spécimens de squale marteau, *Zygæna malleus,* qu'on mange comme les autres.

Les méduses elles-mêmes, *Rhysostoma Cuvieri,* n'échappent pas à la cuisine de ce peuple omnivore. Pendant les chaleurs, des milliers de petites barques armées de filets à main leur donnent la chasse dans les eaux calmes et claires du golfe de Nimrod, où elles sont si nombreuses qu'une des baies y a pris le nom de Baie des Méduses (Medusa Bay de la carte). On les sèche au soleil et on les conserve dans le sel. J'avoue que je n'ai point eu le courage d'y goûter.

Il existe aussi dans ces mers un petit poisson fort curieux et très-commun, que les Chinois appelle poisson riz, *Mi-Yü.* Il mesure dix centimètres, a le corps cylindrique de la grosseur d'un gros crayon et transparent comme du verre dans toutes ses parties. La tête est aplatie dans le sens horizontal et a la forme d'une lancette. Le poisson dans l'eau n'est visible que par ses yeux, deux petits globes noirs de la grosseur d'une tête d'épingle. Le nom scientifique de ce curieux poisson est *Salanx chinensis* Günth. = *Leucosoma Reevesii.* Bien qu'à corps lisse et sans écailles, il appartient à la famille des Salmonoïdes. Lorsqu'il est cuit, il devient opaque et semble fait d'albumine coagulée.

J'ai pu observer aussi des plies, des barbues, des congres, le *Stromateus chang-yü*, des *Crenilabrus*, *Hemiramphus*, *Lates*, *Nebris*, *Carassius*, *Bagrus*, *Clupea*, le *Lophius setigerus*, le *Trigla hirudo*, le poisson volant, *Exocœtus volitans*, et quantité d'autres dont je n'ai pu encore trouver les noms Dans les eaux saumâtres on trouve le fameux Macropode chinois, aujourd'hui introduit en Europe.

En me rendant au port de Chingkiamen, je suivis la côte et entrai chez plusieurs pêcheurs. L'un d'eux, un vieux chrétien, bien connu des missionnaires, me fit les honneurs de sa pauvre cabane et m'offrit poliment le thé et la pipe. Pendant que sa fille me préparait un léger repas de riz cuit avec des patates douces rapées et séchées au soleil, nous causâmes et voici en détail ce que j'appris sur la pêche et les pêcheurs.

Jurisprudence de la pêche maritime. — Toute liberté d'engins est accordée pour la pêche en pleine mer, et il n'existe aucune restriction sur la grandeur des filets ou la largeur des mailles ; tout cela étant réglé par des coutumes traditionnelles. Chaque barque a son numéro et doit se procurer une patente qui lui est octroyée par les autorités civiles moyennant paiement d'une certaine somme. Cette pièce doit porter le sceau du mandarin, et son exhibition est obligatoire chaque fois que les autorités le jugent convenable, pour vérifier les droits de tel ou tel navire. On doit aussi la faire viser aux stations de douane qui se trouvent dans les îles. Chaque bateau paie en outre chaque année deux dollars pour couvrir les dépenses d'entretien d'une jonque de guerre qui doit les protéger contre les pirates et maintenir le bon ordre parmi eux. Il y a dix de ces jonques dans le district de Chusan.

Ces jonques de guerre sont armées de canons européens modèle Krupp et commandés par un *Chen-tai*, sorte de vice-amiral.

Pour la pêche de rivage, le terrain appartenant à l'Etat, il est nécessaire d'obtenir une permission des mandarins. Chaque propriété est soigneusement délimitée et paie un droit proportionnel. Tout individu trouvé pêchant sur le terrain d'autrui est arrêté par les pêcheurs, qui s'emparent de son bateau et de ses filets, et ne manqueut pas de lui imposer une lourde amende. Il y a une sorte de jury ou de conseil de prud'hommes choisi pour administrer ces affaires sous la direction du plus âgé du village.

Chaque bateau paie encore une petite dîme à l'officier de police chargé de surveiller le débarquement du poisson. Le prix n'en est pas plus régulièrement fixé que celui des patentes. Les pêcheurs étant gens taillables et corvéables à merci, les fonctionnaires les pressurent de leur mieux et calculent leurs impositions d'après la fortune supposée de leurs administrés. La faveur y joue aussi un grand rôle et de riches propriétaires de pêcheries ne paient souvent qu'une somme nominale parce qu'ils ont su se ménager l'amitié des préposés aux douanes ou à l'octroi.

Pêche fluviale. — La pêche dans les lacs, rivières et canaux comporte aussi des réglements spéciaux. Un espace délimité est accordé sur le paiement d'une petite somme (1). Comme les eaux appartiennent aussi à l'Etat, cette transaction se fait par l'intermédiaire des mandarins. Une patente est toujours accordée sur demande écrite, mais le propriétaire est rendu responsable de la conservation du poisson dans sa propriété. Afin de main-

(1) Elle se monte à 4800 sapèques (environ 24 fr.) dans le district de Ningpo.

tenir le nombre de poissons dans une juste mesure, il est tenu de verser chaque année dans ses eaux une quantité d'alevins proportionnée à l'étendue de son domaine, et il paie une sapèque par poisson à l'inspecteur des lacs et rivières. Pendant la saison du frai, il est absolument défendu d'enlever les herbes aquatiques, vu que le poisson y dépose ses œufs, ou de jeter dans les eaux de la chaux ou toute autre drogue tendant à détruire le poisson. Aucune restriction n'est d'ailleurs apportée à la forme ou à la dimension des engins de pêche.

Le mandarin chargé d'octroyer les patentes s'appelle *Kuan-hu* (inspecteur des lacs) ; il paie au Trésor une rente annuelle, sorte de cautionnement. Il est responsable de la police des eaux de son district, et doit veiller à la conservation de la pêche et à ce que pendant la saison du frai l'accès des lacs et rivières soit libre, afin que le poisson puisse y entrer facilement pour y déposer ses œufs.

Le Kuan-hu ne peut juger lui-même les délinquants, mais il doit les faire arrêter et les envoyer juger devant le préfet du district. Cet inspecteur passe un contrat avec les principaux chefs des pêcheurs. Ces chefs sont choisis parmi les plus riches, leur fortune servant de caution et leur permettant de faire les avances nécessaires pour le paiement des droits et des taxes imposées aux pêcheurs. Ils rentrent dans leurs avances en prenant une légère commission sur le produit de la vente du poisson. Ils ont aussi le droit de posséder franc de taxes, une certaine étendue de lacs ou de rivières. Ils tiennent aussi un registre exact des concessionnaires.

Bien que la pêche soit permise toute l'année dans les grands fleuves, les Chinois ne profitent point de cette permission, car ils prétendent qu'à l'époque du frai le poisson a une chair molle et de mauvaise qualité.

Les droits acquittés par les pêcheurs varient suivant les engins ou filets employés. Aucune restriction n'est d'ailleurs apportée à la forme ou à la dimension des engins de pêche.

Associations de pêche. — Les pêcheurs de Chusan et du district de Ningpo, s'organisent généralement en sociétés *(huei)*. Les plus importantes de ces associations possèdent un temple presque toujours dédié à *Kuan-Yin* ou *Tien-hou* " l'impératrice du ciel ". Dans ces temples se trouvent un théâtre, des chambres pour les hôtes et des salles de réunion. Comme les Chinois sont extrêmement exclusifs, chaque district ou province possède son association et son temple. La plus belle des pagodes de Ningpo appartient aux pêcheurs du Fokien. Dans quelques-unes de ces pagodes on peut voir suspendus devant les autels, de petits modèles de bateaux de pêche. Il ne faudrait point croire que ce sont des ex-voto, non; ils sont placés là pour servir de moyens de transport aux divinités, de même que les mets placés sur l'autel sont supposés servir à la nourriture des idoles.

Les barques de pêche portent toujours à l'arrière un pavillon triangulaire, au milieu duquel se trouve inscrit le nom du propriétaire, et sur le côté, le long de la hampe, le nom de la pagode de l'association à laquelle appartient le patron du bateau. C'est dans ces pagodes qu'avant de partir on se rend en procession pour se rendre les divinités propices et consulter les oracles.

Superstitions.— En cas de danger, pêcheurs et matelots se prosternent devant la statue de leur divinité tutélaire et se lamentent en frappant de la tête sur les planches du pont. Ils allument devant l'idole nombre de bâtonnets odorants et font vœu, si *Kuan-Yin* les sauve du naufrage, de lui offrir, dans la pagode de la société, une grande comédie à leur retour. Comme ces représentations théâtrales coûtent généralement fort cher, et que ces pauvres diables une fois sauvés ne tiennent guère à dépenser leurs économies en l'honneur de leur divinités, ils ont recours à un subterfuge tout chinois. Ils vont à une certaine boutique où l'on fabrique les hommes et les animaux de papier qu'on brûle aux funérailles; ils achètent là, ou font faire en roseau et papier peint, quantité de mannequins représentant les personnages de la comédie promise, ils y joignent de belles boîtes en papier rouge renfermant une immense fortune en lingots d'or et d'argent aussi en papier, doré ou argenté, suivant leur libéralité; on joint à tout cela quelques chandelles rouges petites et peu coûteuses, puis armés chacun d'un drapeau de couleur ils se rendent avec tous ces paraphernalia à leur pagode et les brûlent devant l'idole, la comédie est jouée et leur vœu accompli! Parmi les offrandes on trouve souvent des jonques en papier, modèles exacts des bateaux du pays. On en fait provision et lorsque la barque de pêche est prise en pleine mer par le calme, on lance à l'eau une flottille de ces bateaux de papier et l'on brûle force pétards, en l'honneur du dieu des vents, qui en retour doit ouvrir l'antre où il emprisonne la brise demandée par les pêcheurs.

Ils trouvent souvent plus simple et meilleur marché d'adopter une méthode connue de tous les matelots du globe et qui consiste à siffler pour faire venir le vent.

Une autre divinité fort en honneur chez les pêcheurs est *Lung-wang*, le Prince dragon, le Neptune chinois.

CHAPITRE III.

Saisons de pêche. — Engagement des équipages. — Pronostics du temps. — Navires de Chingkiamen. — Ile sacrée de Pootoo, sa géologie, ses monastères, ses plages; station balnéaire. — Liste des plantes fleurissant l'été dans les îles Chusan. — Animaux de ces îles. — Légendes boudhiques de l'île de Pootoo.

Tout en humant une tasse de thé bouillant avec le vieux pêcheur de Chingkiamen, je prenais des notes au fur et à mesure qu'il m'expliquait tout ce qui concerne la pêche. Monsieur l'abbé Bret, qui a vécu de longues années au milieu des pêcheurs des Chusan, voulut bien me dicter aussi quelques informations pendant que nous naviguions ensemble entre ces îles. Plus tard, j'eus l'occasion de corroborer toutes ces notes en causant à Ningpo avec plusieurs chefs d'associations de pêche. Voici le résultat de ces études.

Saisons de pêche. — Il y a chaque année deux saisons de pêche. La première commence quelques jours avant Pâques ; la seconde vers la fin de juillet, et elle se continue pendant l'hiver, jusqu'au retour du printemps. Elle est plus pénible que la première, qui ne dure que deux à trois mois, les marins rentrant toujours pour faire la moisson et restant généralement deux mois à terre.

Pour la grande pêche on emploie toujours deux bateaux, l'un porte spécialement le matériel de pêche, l'autre les provisions. Ils doivent toujours agir de concert et si l'un d'eux est désemparé ou forcé de se réfugier dans un port, l'autre est condamné par là même à rentrer sans rien faire.

Les bateaux de pêche appartiennent généralement à de grands propriétaires ou armateurs qui chargent les capitaines d'engager les hommes, etc. Voici comment se font ces engagements.

Engagement des équipages.— Le *Laudah* (littéralement frère aîné en dialecte du Fokien) est le chef ou capitaine de la jonque. C'est généralement un pêcheur habile et un pilote expérimenté. Il connaît les bons endroits et se charge de la police du bord. Il est responsable, mais seulement jusqu'à la bourse, car en cas de perte du navire il ne peut être poursuivi pour dommages. Sa paie comme celle des hommes est calculée selon sa capacité. Un bon laudah reçoit de 70 à 80 piastres pour la première saison de pêche. Sa nourriture est à la charge de l'armateur, à moins qu'il ne soit à la fois capitaine et propriétaire de sa jonque. Tous les contrats d'engagement pour les hommes et pour les patrons sont généralement faits par écrit. Les prix d'engagement pour la première saison de pêche, qui est exempte d'orages, sont plus bas que ceux des hommes qui servent pendant la saison d'hiver. Une partie du prix est donnée en arrhes avant le départ. Après le laudah vient le *Shih-fu* ou cuisinier aussi appelé *Chü-kong* « artisan de la cuisine » ou *Nung fan* « qui prépare le riz ». C'est proprement le second du navire et, en cas d'absence du laudah, c'est le cuisinier qui prend le commandement et la barre du gouvernail ; ses appointements varient de 55 à 60 piastres. Puis viennent les matelots dont la paie varie de 28 à 30 piastres, suivant leur capacité. Souvent, au lieu de se faire par saison, les engagements se font au mois, alors la paie est moindre.

La nourriture de l'équipage est presque toujours à la charge de l'armateur. Souvent les matelots ont en plus de leur paie une part d'intérêt dans l'entreprise. Chaque bateau de pêche a généralement dix hommes d'équipage; on ne prend à bord ni femmes ni enfants.

Pronostics du temps. — Les pêcheurs font grande attention aux pronostics du temps et voici les règles plus ou moins exactes qu'ils posent pour les probabilités des phénomènes météorologiques.

Dans la première partie de l'année (Mousson du Nord), si le temps est beau le 3 ou le 4 de la lune, il y a chance pour qu'il fasse beau pendant une quinzaine; si au contraire il pleut le 3 ou le 4, on peut être sûr que la pluie continuera pendant quinze jours.

Dans la seconde partie de l'année (Mousson du Sud), s'il ne pleut pas le 13, le reste de la lune sera beau; tandis que si la pluie tombe ce jour-là, elle continuera jusqu'à la fin de la lunaison.

Navires de Chingkiamen. — Lorsque j'arrivai à Chingkiamen, je trouvai un grand nombre de bateaux de pêche dans le port, où ils sont disposés par rangées de quatre ou cinq, bord à bord, le long du quai. Leur grande voile carrée, teinte en brun rouille par l'écorce de palétuvier, est formée de deux morceaux retenus à un pied de distance par un lacis de corde et à travers lequel on voit le ciel, ce qui produit un effet étrange; le bout des mâts est peint en rouge, ainsi qu'une partie de la carène. Ceci permet de les reconnaître au loin et de les distinguer des navires du Fokien qui sont plus sombres.

Le vieux pêcheur Chusanais ayant bien voulu me servir de pilote pour aller visiter d'autres îles, nous partons avec bonne brise pour l'île de Chukia.

Ile sacrée de Pootoo. (1) — A babord, nous apercevons la

(1) Prononcez Poutou.

fameuse île sacrée de Pootoo, célèbre dans toute la Chine pour ses nombreux monastères et sa population de prêtres, qui seuls peuvent l'habiter. Plusieurs des îles de l'archipel Chusan sont la propriété exclusive des bonzes; c'est de là qu'ils tirent leurs provisions et leur bois. Les femmes sont strictement exclues de Pootoo ; elles ne peuvent y passer que quelques heures pour venir se prosterner devant les statues de la déesse *Kuan-Yin* et le soir venu, elles doivent se retirer à bord de leurs bateaux. Les prêtres boudhistes ne vivant absolument que de légumes, tout ce qui a vie est respecté sur leur territoire, aussi le naturaliste trouve dans l'île un vaste champ de recherches zoologiques. Les oiseaux n'y étant jamais inquiétés y sont fort nombreux et peu timides ; les serpents y abondent et on en rencontre de fort beaux ; on peut citer l'*Elaphis tæniurus*, le *Daphnis dione*. On m'a assuré qu'on y a vu le *Naja* ou le *Cobra*. Les touristes qui habitent les temples l'été, se plaignent souvent de l'abondance extrême des puces.

Cette île mesure 3 1/2 milles de longueur sur 1 mille de largeur et même moins en certains endroits. Elle est située à 1 1/2 mille à l'Est de Chusan. Le détroit qui les sépare s'appelle l'Océan des lotus. La constitution géologique de l'île est la même que celle de Chusan : grès rouge, quartzite, argillite, porphyre et granit. Sur toutes les surfaces rocheuses un peu planes les prêtres ont gravé des caractères sanscrits et chinois signifiant " a-mi-to-fo " gloire au joyau dans le lotus, c'est-à-dire gloire à Boudha, invocation que les bonzes répètent sans cesse sur les grains noirs de longs chapelets, faits des graines lisses et parfaitement sphériques du *Sapindus chinensis*.

L'île possède une centaine de monastères, tous construits dans des sites charmants, au bord d'un ruisseau, à l'ombre de magnifiques camphriers aux baies parfumées, ou juchés sur la pointe de rochers qui s'avancent jusque dans l'écume des vagues ou s'élancent vers le ciel. Les prêtres sont au nombre d'environ 2000 ; quelques-uns vivent en ermites, renfermés dans une petite cabane ou dans une chambre ou une grotte, d'où ils ne sortent jamais.

Station balnéaire. — Le séjour de l'île est enchanteur et l'été les habitants de Shanghaï et de Ningpo s'y rendent pendant quelque temps pour échapper aux chaleurs torrides du continent. A Pootoo la brise de mer souffle sans cesse et rafraîchit l'air ; les nuits sont toujours assez fraîches pour qu'on puisse dormir, et la température moyenne y est de plusieurs degrés au-dessous de celle de Ningpo et de Shanghaï. Puis chaque matin ou chaque soir, quand le soleil est assez bas sur l'horizon pour qu'on ne craigne plus les insolations, on va prendre de délicieux bains de mer sur les plages de sable fin et dans les eaux pures de la côte orientale. Une de ces charmantes criques réservée aux dames a reçu le nom de « Ladies beach » ; une autre d'un mille de long s'appelle le « Mile beach ». On se loge dans les temples où l'on apporte son mobilier et où l'on campe pendant un ou deux mois.

Dans les piscines qui se trouvent autour des temples, on élève de magnifiques lotus roses au milieu desquels se jouent des carpes monstres et quantité de tortues qu'y a déposées la piété des fidèles et qui sont soigneusement nourries par les prêtres, pour lesquels c'est une œuvre pie.

Plantes fleurissant l'été aux îles Chusan. — En été, l'air est embaumé par le parfum des fleurs et des plantes aromatiques. Les monastères tirant presque toutes leurs provisions du dehors, le sol est peu cultivé et abandonné à la végétation spontanée. Les arbres y sont respectés et on y trouve des bouquets de bois, chose rare dans les autres îles cultivées pouce par pouce et presque entièrement dépouillées d'arbres, qu'on coupe sans merci pour le chauffage. Aussi le botaniste peut-il faire à Pootoo de riches récoltes ; n'ayant pas eu le temps d'en étudier soigneusement la flore, je me contenterai de donner ici la liste des plantes que le Dr Cantor trouva en fleurs à Chusan pendant les mois de juillet, août et septembre, et que l'on trouve dans presque toutes les autres îles, surtout à Pootoo, et sur le continent aux environs de Ningpo. On peut donc prendre cette liste comme celle des plantes de toute cette région. La voici par ordre de familles :

DYCOTYLÉDONÉES.

Ranunculacées.....	Ranunculus sp.
	Ranunculus aquatilis.
Nympheacées......	Nymphæa nelumbo = Nelumbium speciosum. Cultivé.
Crucifères..........	Thlaspi bursa-pastoris.
	Brassica sinensis. Cultivé.
	Sinapis arvensis. Cultivé.
Resédacées.........	Reseda luteola ?
Oxalidées..........	Oxalis stricta.
Hypéricinées.......	Hypericum montanum.
	» perfoliatum.
Caméliacées........	Thea viridis. Cultivé.
	Camellia japonica.
Aurantiacées.......	Citrus olivæformis. Citrus, deux ou trois autres espèces. Cultivés.
Ampelidées........	Vitis vinifera. Cultivé.
Meliacées.........	Melia azedarach.
Malvacées..........	Gossypium herbaceum var. indicum L.
	Hibiscus mutabilis, H. Rosa sinensis.
Sterculiacées......	Sterculia platanifolia A. Gray.
Acerinées..........	Acer (trifidum Thunb.)
Ilicinées...........	Ilex (integra ?)
Légumineuses......	Très-nombreuses. Sophora japonica Linn.

	Indigofera. Vicia. Dolichos, etc., etc.
	Wistaria chinensis DC.
Amygdalées........	Amygdalus persica L.
	Prunus (japonica ? Thbg.)
Rosacées	Rosa sinica Ait.
	Rubus idæus L.
	Rubus chamæmorus L.
	Geum rivale L.
	Fragaria (chinensis Ehrht.)
	Pyrus malus L.
	Pyrus sp.
	Pyrus cydonia L.
Myrtacées	Myrtus sp.
Granatées..........	Punica granatum L.
Crassulacées	Sempervivum.
	Sedum acre L.
Cucurbitacées	Cucumis melo L.
	Momordica balsaminea.
Portulacées	Portulaca (oleracea L.)
Umbellifères.......	Daucus carota L.
	Carum carvi L.
Caprifoliacées	Sambucus (japonica aut nigra L.)
Araliacées..........	Hedera helix L.
Composées.........	Gnaphalium (japonicum Thbg ?)
	Inula (chinensis Arspr ?)
	Senecio sp.
	Chrysanthemum indicum L.
	Artemisia chinensis L. et plusieurs autres espèces d'Artemisia.
Labiées	Rosmarinus officinalis L.
	Rosmarinus sp.?
	Mentha (arvensis L.?)
	Origanum ?
Borraginées........	Symphytum sp.?
Verbenacées........	Verbena (officinalis ?)
Convolvulacées.....	Convolvulus batatas L.
	Convolvulus sp.
Solanées...........	Nicotiana tabacum (var. sinensis et fruticosa Fisch.)
	Datura metel L.
	Solanum nigrum L.
	Solanum dulcamara L.

	Solanum melongena L.
	Capsicum (annuum aut chinense L.)
Polygonées.........	Polygonum, plusieurs espèces.
	Rumex acetosa L.
	Rheum (undulatum L.?)
Chenopodiacées.....	Chenopodium Bonus Henricus L.
Morées............	Morus alba L.
	Morus nigra L.
Cannabinées.......	Cannabis (sativa et chinensis Lin.)
	Humulus lupulus.
Juglandées.........	Juglans regia L.
	Pterocarya sp.
	Platycarya strobilacea.
Cupulifères........	Quercus (dentata Thbg.)
Salicinées..........	Salix sp. (alba ?)
	Salix babylonica L.
Conifères..........	Pinus sinensis.
	Salisburya adiantifolia Smith.
Cupressinées.......	Juniperus sp. (chinensis ?)

MONOCOTYLÉDONÉES.

Zingibéracées......	Zingiber officinale. Cultivé.
Musacées..........	Musa sinensis. Cultivé.
Iridées.............	Iris sp. (oxypetala Bge ?)
Liliacées...........	Allium, plusieurs espèces.
	Lilium sp.
Graminées.........	Triticum.
	Oriza sativa et O. glutinosa.
	Zea maïs.
	Milium sp.
	Hordeum sp.

En plus de ces plantes je trouvai en fruits au mois d'août deux espèces de Ficus, dont l'une, courant sur les murs et les pierres comme un lierre, est le *Ficus stipulata* Thbg. l'autre à feuilles lancéolées entières est peut-être le *Ficus pumila* de Blume ? Les fruits du *Ficus stipulata* servent à faire des compresses émollientes pour les tumeurs hémorrhoïdales. Les femmes nourrices en boivent aussi une décoction pour augmenter la sécrétion lactée. Le *Broussonetia papyrifera* y complète aussi la famille des Morées. Dans les rochers au bord de la mer je trouvai les grandes feuilles vertes du *Tussilago petasites* et un *Convolvulus batatas* avec de jeunes tubercules de la grosseur d'un pois se développant à l'aisselle des feuilles. Sur les plages et falaises je pus remarquer le *Vitex ovata* dont les fruits sont soigneusement recueillis par les Chinois qui les emploient comme médecine. Dans les bois un joli *Convolvulus* ouvrait chaque matin ses belles corolles bleues sur les branches d'un chêne à feuilles de châtaignier (*Quercus castaneæfolia ?*). Près des temples croissaient aussi de magnifiques érables, *Acer trifidum*.

Les fougères sont très-nombreuses dans les endroits ombragés et humides, malheureusement je les connais peu et oubliai d'en ramasser des échantillons.

Animaux des îles Chusan. — Les animaux vivant dans l'île sont les mêmes que ceux des autres îles du groupe des Chusan : *Noctilio* (!), *Canis sinensis*, *Canis vulpes*, *Felis catus*, *Felis* espèce sauvage, *Manis javanicus*, *Sus* (*leucomystax* ?), *Equus caballus*, *Equus asinus*, *Bos taurus*, voisin de l'espèce indienne.

Les chevaux sont petits, à courte encolure, grosse tête, c'est évidemment la même espèce que les anciens chevaux grecs que l'on voit représentés partout sur les vases et dans les sculptures antiques. Ils viennent du Nord et représentent l'espèce sauvage des steppes, les " tarpans " de l'Asie boréale.

Les porcs sont noirs avec une crinière touffue, plantée verticalement ; c'est aussi une espèce asiatique voisine de l'espèce japonaise. La chair en est fort blanche et beaucoup plus légère que celle du porc européen ; c'est je crois le *Sus leucomystax*.

Légendes boudhiques. — Je visitai plusieurs des temples, ils sont fort beaux et très-anciens. Le premier prêtre boudhiste s'établit dans l'île l'an 907 de notre ère. On raconte que c'était un prêtre japonnais qui revenait d'un pélerinage au *Wu-tai-shan*, une fameuse montagne sacrée au Shansi. En passant près de Pootoo, son navire se trouva arrêté (dit la légende) dans une masse inextricable de plantes de lotus dont il fut miraculeusement délivré à la suite d'un vœu à la déesse de Merci " Kuan Yin pousah ". Il débarqua sur l'île au pied d'un promontoire de rochers dans lesquels se trouve une grotte fort curieuse appelée *Chao-ying-tung* (grotte où résonnent les vagues). Il bâtit un temple juste au-dessus de cette grotte, près de l'endroit où une fissure permet de voir à l'intérieur. Lorsque la mer est grosse, elle rugit dans cette caverne et l'embrun des vagues sort comme une fumée blanche par cette sorte de cheminée. C'est une des curiosités naturelles de l'île.

Quelques milles plus au Nord se trouve un cap rocheux assez élevé, séparé du reste de l'île par un col recouvert des deux côtés (Nord et Sud) d'une épaisse couche de sable blanc, ressemblant à s'y méprendre à un glacier. Ce sable y a été évidemment poussé par la force des moussons, mais voici comment les prêtres de l'île en racontent l'origine.

Un jour la déesse de Merci voulut se rendre sur ce rocher qui était alors séparé de la terre ferme par un bras de mer. Le batelier auquel elle s'adressa, la prenant pour une pauvre femme, lui refusa durement ce petit service. Kuan Yin commanda aux sables d'envahir le détroit, et les sables montant rapidement ensevelirent l'homme sous une couche épaisse qui permit à la déesse de passer à pied sec. Depuis ce temps le sable monte chaque année un peu plus haut.

Une autre légende qui nous paraît encore plus intéressante au point de vue géologique est celle qui raconte que Pootoo n'est que le reste d'une île fort grande qui s'étendait autrefois à plusieurs milles au Nord-Est. La légende dit que le dragon marin, qui habite ces mers, ayant été, dans les âges passés, maltraité par les habitants de l'île, devint furieux et dans un moment de rage en avala la plus grande partie. Cette tradition populaire n'est que le récit d'un cataclysme volcanique, ainsi que l'indique la nature du terrain.

Avant de quitter l'île de Pootoo, je visitai quelques-uns de ses temples. Ils sont célèbres dans toute la Chine, car cette île est considérée comme le premier sanctuaire du Boudhisme dans l'Empire céleste. Les premiers pèlerins boudhiques vinrent de l'Inde vers l'an 58 de notre ère, et le premier temple bâti à Pootoo date de l'an 900. Mais ce ne fut qu'en 1575 que l'Empereur *Wan li* fit cadeau de l'île aux prêtres du dieu indien par une lettre qui fut gravée sur une table de pierre que l'on conserve précieusement dans l'un des temples bâti par la femme de *Wan li*. Ce temple est appelé *Pootoo-Shan-ssu*, c'est-à-dire Temple de la Méditation de Boudha, ou Temple des Prêtres de Boudha. Le nom même de Pootoo est dérivé du sanscrit *Poutala* qui désigne l'endroit où vivaient, près des bouches de l'Indus, les ancêtres de Sakyamouni (Boudha) (1). On raconte dans le temple de *Fa-yü-ssu*, qu'en l'année 1666 des hommes aux cheveux rouges, probablement les Portugais qui avaient fondé une colonie à Ningpo dès 1530, volèrent la grande cloche et l'empor-

(1) Voir " A syllabic dictionary of the Chinese language, etc. by S. Wells Williams, Shanghai. American presbyterian mission press 1874 " p. 716.

tèrent vers le Sud. En la débarquant elle devint tout-à-coup si lourde qu'elle tomba des mains des porteurs et s'enfouit profondément dans le sol où elle fut perdue pendant 60 ans. Jour et nuit on entendait de sourds gémissements en cet endroit, ce qui le fit considérer comme hanté par les esprits. Un homme courageux creusa le terrain et découvrit la cloche; on en informa l'abbé du temple de Pootoo qui vint la chercher en grande pompe à bord d'une jonque de guerre équipée aux frais du gouverneur d'Amoy. Deux des temples reconstruits par l'empereur *Kang-hi* sont recouverts de tuiles vernies jaunes qui proviennent du palais en ruine des empereurs de la dynastie des Mings (1368-1628) à Nanking. Ils possèdent chacun une lettre autographe de l'empereur Kanghi (1702) gravée sur des tables de pierre élevées sous de charmants pavillons. On trouve aussi dans d'autres temples des lettres de l'empereur *Yung-Ching* (1723-1736) que l'on a aussi fait graver sur marbre. Contrairement à ce que j'ai vu dans le nord de la Chine, les temples ici sont bien entretenus et l'on en construit même souvent de nouveaux.

Le grand temple ou Pootoo-shan-ssu est situé dans une charmante vallée au milieu de grands arbres : pins, érables, camphriers. On y accède par une allée dallée passant sous un arc-de-triomphe et traversant, sur un beau pont de marbre blanc, un vaste réservoir rempli de lotus aux fleurs blanches et roses. Des carpes monstres se jouent entre les tiges de cette superbe plante qui est sans doute le lotus sacré des égyptiens. Sur l'eau, je vois aussi flotter les coquilles ouvertes d'une grande moule d'eau douce le *Dipsas plicatus*. Ce sont les bonzes du temple qui se sont amusés à en faire de petits bateaux pour le service de la déesse. Un pauvre chinois s'étant permis de tendre un hameçon aux tortues sacrées qu'on conserve dans l'étang est saisi par les prêtres qui lui administrent quelques bons coups de bambou sur les épaules. — Avant d'entrer dans le temple on traverse un petit pavillon sous lequel se trouve dressée la pierre monumentale à la surface de laquelle est gravée la lettre impériale. Les cours du temple sont plantées de cyprès centenaires et dans l'une, en face de l'autel principal, je remarque d'immenses chandeliers et un brûle-parfums monumental en bronze. A droite, près du réfectoire des bonzes, un poisson gigantesque taillé dans une pièce de bois est suspendu au toît par deux chaînes. Le bois est sonore et à l'heure des repas on appelle la communauté au réfectoire en frappant à coups redoublés sur cette cloche d'un nouveau genre.

CHAPITRE IV.

Visite à l'îlot de Wu-sha (1), productions, coquilles, crabes curieux : *Dorippa* sp., *Orythia mamillaris*, etc. — Balanidés, coraux, etc. — Visite à l'île de Chokea. — Observations botaniques, coquilles. — Départ de Chingkiamen. — Le port Nimrod. — Pêcheurs au Pan-tseng. — Seines diverses et madragues. — Nid curieux de Natice. — *Bullæa exarata.* — Visite à l'ilot de Yang-so-shan, botanique. — Culture de Novaculines. — Mœurs et caractère du peuple.

Ilot de Wu-sha. — Profitant de la brise du Nord, nous laissons derrière nous l'île de Pootoo et mettons le cap au Sud vers l'île de Chokea, dont nous longeons pendant cinq heures la côte occidentale. A 6 heures, la nuit nous prend au moment où nous allions doubler la pointe sud de l'île et nous allons jeter l'ancre dans une petite baie

(1) Ecrit Ou Sha sur la carte de l'Amirauté française.

ouverte au Sud-Est dans les rochers d'un îlot appelé Wu-sha « sable noir », à un demi-mille de Chokea. En dehors, le vent souffle grand frais, une longue houle nous arrive du Pacifique, qui effraie pas mal mes matelots de Ningpo peu accoutumés à aller si loin dans cette petite barque le Yung dont la navigation se borne d'ordinaire aux îles des Tigres, île carrée et Ting-hai. La petite baie de Wu-sha est protégée de tous les vents excepté ceux du Sud-Est, qui y amènent une houle terrible.

La nuit se passe à rouler et tanguer fortement sur notre ancre; aussi le lendemain, je ne pus décider l'équipage à doubler la pointe sud de Chokea dont je voulais faire le tour par l'Est.

La 18 Novembre dès le point du jour, je descendis sur l'île Wu-sha. Au fond de la crique une source d'eau vive qui coule dans les rochers au milieu des fougères nous permit de renouveler notre provision d'eau. L'îlot fortement échancré par le petit port naturel où nous étions à l'ancre, mesure à peine un mille de tour, et appartient aux bonzes de Pootoo. Il est couvert d'herbes et de broussailles. Cinquante à soixante personnes, tous pêcheurs, y vivent campés dans 6 à 8 misérables huttes de boue et de pierres sèches. Ils grattent les quelques pouces de terre arable qui recouvre le granit et y cultivent la patate douce. En automne ils coupent les grandes herbes qu'ils vont vendre à Chingkiamen.

Coquilles. — Dans les rochers à marée basse, je récoltai quelques Anomies vertes que je pris d'abord pour des huîtres, tant elles étaient grandes. Ayant voulu y goûter, j'eus à souffrir cruellement de ma gourmandise ou plutôt de mon imprudente curiosité. Pendant plusieurs heures j'eus la sensation d'une brûlure à la gorge et dans toute la bouche comme si j'avais avalé un caustique violent. Je trouvai aussi quelques moules (*Mytilus edulis* !); l'une de ces moules est à test très-épais (*Mytilus crassitesta*?). De nombreux échantillons de *Litorina brevicula* généralement loin de l'eau, de jolies Patelles minces et mouchetées de points noirs, probablement *Patella testudinaria*, une *Arca* plate et velue.

Crabes fort-curieux. — Au moment où j'allais quitter l'îlot, des pêcheurs rentraient; je leur achetai quelques poissons frais et une provision d'excellentes crevettes, au milieu desquelles je trouvai un crabe fort curieux appartenant à la famille des Dorippidés : carapace ovale de trois centimètres de longueur sur deux et demi de largeur. Elle est déprimée en certains endroits par des rainures profondes qui lui donnent une forte ressemblance à certains masques chinois; aussi ce crabe s'appelle-t-il dans le pays « Jen-mien-hsieh » crabe à face humaine. Les Anglais le nomment ici « Buddha's crab », le masque ressemblant fort à certaines figures de Boudha ou d'autre dieux grimaciers que l'on trouve dans les pagodes. La première paire de pattes porte les pinces, qui sont petites et repliées sous l'animal. Les quatre autres paires sont alternativement longues et courtes. La seconde et la troisième paires sont très-longues et grêles, insérées sous la carapace et mesurant respectivement 6 et 7 centimètres de longueur (soit trois fois et demi la largeur de la carapace), sur 5 millimètres de largeur maximum. Les deux dernières paires sont insérées au-dessus des autres, sur le dos du crabe; elles sont fort grêles, ayant à peine deux millimètres dans la partie la plus large, et ne mesurent que 17 et 20 millimètres de longueur. L'extrémité est formée par un crochet qui se replie sur la patte. A première vue, ce crabe ressemble à une grosse araignée. Sa couleur est d'un violet lie de vin, légèrement salie par la boue, retenue fortement à toute la surface grâce à une sorte de duvet microscopique qui la recouvre. A la base de chaque pince se trouve une ouverture en forme de boutonnière garnie de cils raides, c'est l'ouverture des branchies. Ce curieux crustacé se rapproche beaucoup du *Dorippe lanata* de la Méditerranée.

Orythia mamillaris. — Un autre crabe non moins curieux me fut aussi un jour apporté de cette localité. Il a été assez bien figuré et décrit par Westwood dans ses « Insects of China », c'est l'*Orythia mamillaris* ainsi appelé de deux protubérances mamelonnées, qui se détachent en rouge saturne sur une carapace jaune clair pointillée de granulations oranges. Je n'en possède qu'un seul échantillon, car il est rare ; il est plus grand que celui de Westwood et mesure 4 centimètres et demi de largeur sur 5 de longueur.

Pour en finir avec les crustacés de cette localité, citons encore un Gonoplax ressemblant au *Gonoplax angulata*, avec cette différence que les pinces sont recourbées en équerre, formant une sorte d'étau à surfaces internes aplaties, et coupantes à l'extrémité.

Dans quelques flaques d'eau, j'eus la chance de trouver aussi de jeunes échantillons vivants d'un Lépadien (ordre des Cirrhipèdes pédonculés) des mers de l'Inde et des Philippines que je fus fort étonné de trouver à une si haute latitude. Ce joli pousse-pied dont la gaîne verdâtre est squameuse, est couronné par une série d'une trentaine de valves jaunes, striées en fougère et réunies en forme de mitre d'où son nom *Pollicipes mitrella* = *Capitulum* Klein. Il mesure souvent 3 ou 4 centimètres de largeur à la base des valves et forme alors un charmant objet de collection.

Balanes diverses. — Sur les mêmes rochers je ramassai au moins 3 espèces de Balanidés, dont l'une d'un beau rose clair, ressemble à une véritable fleur de pierre ; une autre grise et striée ressemble à un cône volcanique en miniature, son test épais, formé de canaux nombreux, concourant au sommet, paraît d'un seul morceau ; cependant, en examinant l'intérieur avec soin, on y trouve des bourrelets indiquant quatre valves. Tous ces caractères font reconnaître la Conie poreuse (*Conia porosa* Lamarck).

Coraux, etc. — Je réussis à détacher quelques petits coraux parmi lesquels je crois reconnaître un Caryophyllia qui ne me paraît guère différer de celui connu en Angleterre sous le nom de « Devonshire cup-coral » *Caryophyllia Smithii*. Un spécimen d'*Euphyllia pavonia* que des pêcheurs m'apportèrent à Ningpo, venait peut-être aussi de ces parages.

Une Pennatule grise (*Pennatula grisea*) qui se trouve au Muséum de Shanghaï vient aussi, je crois, de ces îles.

Visite à l'île Chokea. — Ne pouvant décider mes timides matelots à braver les grosses lames du Pacifique, qui déferlaient sur la côte orientale de l'île Chokea, je dus abandonner mon projet de visiter une colonie de pêcheurs fokiennois, établie sur la pointe sud-est de l'île. Je me contentai donc de revenir par la même route et d'aborder l'île dans sa partie centrale par une des baies peu profondes et boueuses de sa côte occidentale. Comme la mer se retire à une grande distance, je dus jeter l'ancre à au moins deux milles de terre, à l'abri de quelques îlots qui nous protégeaient du vent. Le fond est si plat que même à marée haute mon youyou n'avait pas assez d'eau pour attérir à la plage et je dus prendre terre sur des rochers.

L'île de Chokea, sur laquelle je venais de descendre, appartient aux bonzes de Pootoo et c'est de là qu'ils tirent leur bois et leurs provisions. Formée d'une suite de collines peu élevées, séparées par de petites vallées bien boisées, l'île s'incline à l'Ouest par des pentes douces. A l'Est au contraire on trouve des falaises à pic avec des aiguilles de rochers séparées de la masse et entourées par les eaux; de nombreuses pointes découpent la côte en plages de sable blanc et fin. La mer d'un beau vert pur, qui brisait alors en longs rouleaux d'écume sur le sable brillant, me rappela nos plages de France, et malgré la saison avancée je ne pus résister à l'envie de prendre un bain, au grand ébahissement et à la grande peur de mon guide chinois, qui me voyant disparaître à la nage derrière la crête blanche des vagues me croyait perdu. L'eau était délicieuse et moins froide qu'à Cherbourg en juillet, aussi me souviendrai-je longtemps de cette partie de natation sur cette belle plage de Chokea appelée " Wolf bay " sur la carte et qui me parut d'autant plus charmante qu'elle n'est séparée que de quelques centaines de mètres des eaux boueuses de l'autre versant de l'île.

Observations botaniques. — Le col étroit qui sépare ces deux baies est bien boisé et j'y remarque de jolies fougères, des *Aster* en fleurs qui croissent jusque sur le bord de l'eau, et un arbre nouveau pour moi, entièrement couvert d'aiguillons courts mais fort aigus que l'on trouve jusque sur la nervure centrale des feuilles, ressemblant assez à celles du Melia ; malheureusement je ne trouvai ni fleurs ni fruits (1). Sur le versant du côteau je cueille quelques branches de thé en fleurs ; des paquets

(1) Je viens d'avoir la chance de retrouver cet arbre chez M. Cavron, horticulteur à Cherbourg, qui m'a assuré qu'il pousse ici en plein air et perd ses feuilles l'hiver ; c'est l'*Aralia Japonica*. (4 août 1880.)

de fruits d'un arbre que je crois être le *Rhus ailanthoïdes* de Bunge. Je rapporte aussi à bord des branches d'un arbrisseau chargé de jolies petites baies lilas portées une à une sur des pédoncules de deux centimètres, réunis en corymbe à l'aisselle des feuilles qui sont ovales acuminées.

Coquilles. — Dans la baie où ma barque était à l'ancre, on voit çà et là des touffes de bambou piquées dans l'eau. Elles servent à marquer les endroits où l'on cultive les *Ching-tsze*, sorte de coquille de la famille des Solénidés, genre Solécurte ; l'espèce chinoise est le *Novaculina constricta.* Malheureusement la mer était haute et je ne pus me procurer aucun échantillon de ces coquilles dont je ne connaissais encore que le nom chinois et la chair séchée dont on fait grand commerce à Ningpo. Mais j'appris que « la graine » (c'est-à-dire les jeunes coquilles) était achetée à Ninghai, dans le Nimrod Sound où je devais me rendre, pour étudier la pêche et l'ostréiculture. Après avoir encore ramassé sur la plage des débris d'une jolie coquille *Eburna lutosa* ou *E. Japonica ?* et dans les rizières deux ou trois paludines, *Paludina Chinensis*, *P. angularis* Müll., je rentrai à mon bord et fis route de nouveau vers Chingkiamen, où je dis adieu à M. l'abbé Bret et pris un pilote du pays connaissant mieux les côtes que celui de Ningpo, qui dut se contenter de servir comme simple matelot.

Départ de Chingkiamen. — Malgré la pluie et une nuit très-noire, mon nouveau pilote mit bravement à la voile dès que la marée remontante nous fournit un courant favorable. Je ne sais comment il put trouver sa route dans cet inextricable groupe d'îles et de rochers qui forment l'archipel des Chusan. Par extraordinaire, ce brave chusanais ne semblait craindre ni les roches, ni les dieux marins. La main gauche sur la barre du gouvernail, de la droite il maintenait l'écoute de la grande voile. Il consultait de l'œil une boussole déposée à ses pieds, cumulant ainsi les fonctions de timonier, de matelot et de pilote. Parfaitement rassuré, je lui remis le commandement du Yung et allai m'étendre dans ma couchette où je fus doucement bercé par les vagues.

Le 19 novembre, au point du jour, nous étions en vue de la pointe Ketow où commence le Port Nimrod qui de là, s'enfonce à 30 milles au Sud-Ouest. Nous voyons passer près de nous le *Paos-han*, corvette de guerre chinoise, qui croise sans cesse dans ces parages pour la police de la pêche. Un peu plus loin un grand trois-mâts siamois était à l'ancre, attendant une brise ou un courant favorable. Il arrive souvent que des navires à voiles restent ainsi plusieurs jours avant de sortir de cet archipel où les marées et les vents se contrarient sans cesse. En sortant de Chinhai le 15, nous avions en effet déjà vu ce navire obligé d'attendre, à l'entrée de la rivière de Ningpo, un vent qui voulût bien le pousser au large. Il avait donc mis quatre jours pour faire une cinquantaine de milles. La plupart des navires naviguant sous pavillon siamois appartiennent à de riches négociants chinois de Bangkok. Tout l'équipage est composé de chinois, de siamois et de malais, seuls le capitaine et son second sont européens, presque toujours allemands. Les chinois aiment assez faire la contrebande et je ne serais pas étonné d'apprendre que notre trois-mâts ne fût à l'ancre pour toute autre cause que le vent et la marée. La présence du *Pao-shan* et la nôtre auront dû, dans ce cas, le gêner singulièrement.

Le port Nimrod. — Vers 6 heures du matin, la pluie cesse, le temps s'éclaircit et une légère brise du N.-Est nous permet de longer la côte nord du golfe ; nous passons l'île Sinlo, puis nous engageons dans le " Canal des Jonques " qui sépare l'île Mei-Shan (île aux Prunes) de la terre. Ce canal fort étroit se retrécit tellement qu'il porte plus loin le nom caractéristique de " Passe de dix pieds ". Assis sur le pont, j'admire les deux côtes couvertes d'arbres verts jusqu'au bord de l'eau.

Pêcheurs au Pan-tseng. — Çà et là quelques caps de rochers s'avancent dans la mer. A leur pointe extrême, aussi près de l'eau que possible, j'aperçois des espèces de guérites plantées sur pilotis et couvertes de quelques nattes ; devant ces frêles constructions, un immense filet carré monte et descend en oscillant sur un cadre de longs bambous. Ce sont les pêcheurs au *Pan-tseng*, ainsi s'appelle ce grand filet. Je ne leur ai jamais vu mettre aucun appas dans leur appareil. Ils attendent patiemment, quelque fois pendant des journées entières, que le poisson vienne en troupe au-dessus du piége, qu'ils tirent alors, sans se presser, ce qui permet à un grand nombre de poissons de s'échapper. L'homme est heureux s'il trouve au fond quelque menu fretin, sinon il prend philosophiquement sa pipe, en tire quelques bouffées et retombe dans sa rêverie solitaire. Quand la marée est trop basse, il s'accroupit sur ses talons et s'endort profondément dans cette posture incommode. Le vent, la pluie, le grondement de la mer, loin de le réveiller, semblent au contraire produire sur lui l'effet d'un narcotique. La pluie surtout fait dormir les chinois, vous les trouvez alors dormant partout et dans des positions des plus extraordinaires ; pour les réveiller il faut les secouer violemment et même les frapper. Je ne connais pas de gens plus dormeurs et moins nerveux que les chinois ; cela tient évidemment à leur constitution, probablement aussi à leur nourriture plus végétale qu'animale.

Seines diverses et madragues. — Un peu plus loin je vois de nombreux bateaux occupés à pêcher à la seine. Ces filets sont de plusieurs sortes ; il y a la seine simple, pareille à celle qu'on emploie en tous pays, puis une seine chinoise au centre de laquelle se trouve un filet conique en forme de sac dans lequel se réunit tout le poisson pris par la seine, l'empêchant ainsi de sauter par-dessus, ce qui arrive souvent avec plusieurs espèces de poissons, entre autres le Mugil.

Sur les bas-fonds du chenal de l'Ile aux Prunes, se trouvent d'immenses barrages de près d'un mille de long, disposés en travers du chenal, de façon à prendre le poisson à la marée descendante. Le barrage a la forme d'un vaste demi-cercle de filets d'environ 6 pieds de haut. Aux extrémités et vers le centre se trouvent des labyrinthes où le poisson, dirigé par le barrage, va se faire prendre. L'entrée de ces labyrinthes est faite de telle façon que le filet, retenu en haut, mais libre en bas, cède à la poussée du poisson dans le sens de l'entrée, tandis qu'il se referme d'autant mieux quand celui-ci cherche à sortir. La position de ces pièges est indiquée par de longs bambous dont la tête, s'élevant au-dessus du niveau des hautes mers, porte un paquet de chanvre ou de vieux filets comme signal. On en retire le poisson au moyen d'un filet à main. Ces barrages appelés *Chih-meng*, filets à *chih*, du nom du poisson qu'on y prend le plus fréquemment, diffèrent de ceux que nous avons remarqués à Chinhai, en ce qu'ils sont établis sur des bas fonds qui n'assèchent jamais. Ce sont des espèces de madragues.

Nids curieux de Natice. — Sur la boue je découvre de curieux objets qui avaient été longtemps pour moi une véritable énigme. Figurez-vous un abat-jour de lampe d'étude "german reading-lamp" sphéro-conique, c'est-à-dire un entonnoir à surface concave terminé par un tube court un peu évasé. Cet objet curieux est formé de boue agglutinée au moyen d'une sorte de mucilage. Il mesure souvent de 8 à 9 centimètres dans son plus grand diamètre au bord externe et 3 à 4 centimètres dans son plus petit diamètre. L'épaisseur est de près d'un millimètre. Les surfaces en sont parfaitement lisses et le bord de l'ouverture la plus large est aminci et souvent ondulé régulièrement comme une dentelle tuyautée.

Le tout est élastique, et par suite assez solide, tant que l'objet est dans l'eau, mais il est très-difficile de le conserver à l'état sec. Il se réduit alors en poussière. Dans les endroits où la mer est calme et transparente, on peut remarquer qu'il est à demi-enfoncé dans le sol comme un véritable entonnoir et simule assez bien le trou du Myrmiléon ou fourmi-lion. A quel animal attribuer cette formation curieuse ? Telle était la question que j'avais déjà essayé de résoudre depuis 1873, époque à laquelle j'en avais observé plusieurs dans les sables de la baie de Yentai sur les côtes du Shantung. Evidemment ce n'était l'œuvre ni d'un poisson, ni d'un mollusque. Sa forme, sa position semblaient indiquer le travail d'un ver arénicole. Nimrod Sound me réservait la surprise de trouver enfin la cause et l'usage de cet objet singulier, qui a eu le mérite d'embarrasser plus d'un naturaliste, à en juger par les noms curieux qu'on lui a donnés dans différents livres savoir : *Flustra arenosa*, *Eschara lutosa* Pallas, etc., et qui montrent bien qu'on se doutait peu de sa véritable nature.

Le filet qui m'aida à me procurer plusieurs de ces objets, ramena aussi du fond de fort beaux spécimens d'une grande Natice (*Natica bicolor aut duplicata* Ph.) Je soupçonnai dès lors une relation entre l'objet et la coquille.

En examinant avec attention, je trouvai que toute la surface en était légèrement chagrinée. Ceci était dû à quantité de petites cellules sphériques, aplaties, séparées les unes des autres par une mince cloison. Dans ces cellules, qu'à Chefoo j'avais toujours trouvées vides, j'eus cette fois la chance d'apercevoir deux petits points jaunes flottant dans de l'eau parfaitement claire. En regardant de très près, je crus distinguer de jeunes coquilles de Natice, ce que la loupe confirma. Les curieux abat-jour de boue agglutinée ne sont donc que les nids de *Ni-lo* (vis des boues) Natica.

Bullæa exarata. — C'est aussi sur ces boues, qu'à marée basse, les pêcheurs récoltent en abondance, à certaines saisons, un mollusque à coquille blanche transparente, aussi appelé *Ni-lo* et qui n'est autre que la *Bullæa exarata* Philippi. Ce gastéropode est en haute estime auprès des gourmets chinois. On le vend chez les pâtissiers-confiseurs de Ningpo, conservé dans du vin de Shaoshing où on le jette tout vivant. On le sert avec sa coquille dans de petites soucoupes d'argent ou de porcelaine et il se mange, comme chez nous le thon ou les olives, en guise de condiment; il coûte assez cher.

Visite à l'îlot de Yang-so-shan. — Le 19 Novembre, vers midi, je me trouvai en vue d'un îlot, le Yang-so-shan, aux environs duquel se trouvaient, me disait-on, de vastes étendues de boue sur lesquelles on cultivait les *Ching-tsze*. Je décidai donc de jeter l'ancre et de visiter ces pêcheries. Avant de descendre à terre je voulus essayer quelques-uns des fusils de notre armement, afin de m'en servir au besoin pour tuer des canards sauvages abondants dans ces parages. Je tirai donc sur l'eau plusieurs coups à balle, me doutant peu de la panique que je causais chez les pauvres pêcheurs de l'île. Ceux-ci voyant arriver un navire sans pavillon (nous avions amené le nôtre à cause de la pluie de la veille), et tirant des coups de fusil, crurent à une attaque de pirates.

Quand j'arrivai sur l'île je la trouvai déserte ; mes matelots aperçurent enfin au bord opposé un des pêcheurs qui s'enfuyait avec des paquets, il parvint à le rejoindre et à le rassurer. J'allai moi-même causer avec ces pauvres gens que je trouvai tous embarqués (deux femmes, une jeune fille, quatre enfants et plusieurs hommes) dans la plus grande jonque de l'île et mettant à la voile pour le village de trois montagnes (San-shan) sur le continent. Je n'eus pas trop de peine à les rassurer et j'appris d'eux que quelques années auparavant l'île avait été entièrement pillée par une bande de pirates cantonnais. Je ne tardai pas à me faire des amis de ceux qui me fuyaient un instant auparavant ; ils me montrèrent leurs plantations de patates douces, leur jardin d'orangers ravagé par les pirates trois ans auparavant. Ils m'offrirent de forts jolies oranges mandarines et un bouquet de branches de *Citrus Japonica* chargées de leurs petits fruits d'or. Pendant ce temps mes matelots et mon cuisinier faisaient une provision de ces fruits qu'ils payaient avec des bouteilles vides et de vieilles boîtes de conserves en fer blanc, toutes choses fort appréciées des chinois de la côte. Nous devenons bientôt si bons amis que ces pauvres pêcheurs me forcent d'entrer chez eux et veulent à tout prix me servir un festin composé de quatre œufs cuits sous la cendre, avec un bol de riz à peine décortiqué, des patates douces bouillies et une tasse de thé. Je m'assieds donc à table avec toute la famille et profite de l'occasion pour recueillir de nouveaux détails sur la pêche et la culture des Novaculines. Malheureusement la marée n'étant pas encore basse je dus attendre au soir pour inspecter les endroits où on les élève. Profitant de l'occasion, je me laisse tenter par l'onde bleue et j'allais jeter bas mes vêtements et me précipiter à l'eau, m'inquiétant peu des spectateurs, lorsque mon vieux laudah, avec une délicatesse rare chez cette classe, me fit doucement remarquer qu'il y avait des dames ! Ne voulant point scandaliser mon brave pilote, ou la population de l'île, je fis semblant de rentrer à bord et choisissant une ravissante petite baie avec plage de sable rouge, je me déshabillai sans témoins, à l'ombre des pins qui croissaient jusqu'au bord de l'eau et pris un excellent bain. Comme je me reposais ensuite dans une petite grotte ombragée de Glycines, je remarquai sous les pierres et dans les crevasses plusieurs Geckos (*Shou-Kung*). C'est l'espèce japonaise (*Gecko Japonicus* Dum. et Bibr.), commune dans toute la Chine, et dont la peau sechée est employée en poudre pour la confection d'emplâtres divers. En rentrant à bord du Yung j'y trouvai une partie des pêcheurs de l'île qui avaient apporté avec eux un cadeau d'œufs durs pour le commandant et du poisson et et des crevettes pour les matelots.

Botanique de l'île. — Le soir, je repris la route de l'îlot que j'explorai en entier, examinant la géologie et la botanique. Un grès quartzeux en compose le sol ; quant aux plantes, la saison étant trop avancée, je n'en trouvai que fort peu en fleurs, entre autres des Aster et des arbustes à thé. Je remarquai une sorte d'Éricacée à fleurs blanches (*Andromeda ovalifolia* Wallich), des Clématites, des Gardenia (*Gardenia radicans* Thunbg.) dont les fruits orangés sont employés pour la teinture des soieries et aussi pour donner une couche de couleur jaune aux meubles sur lesquels on applique ensuite le vernis. Une liane épineuse à larges feuilles rondes et à petits fruits de corail croissait dans les rochers, ainsi qu'une espèce curieuse de Kaki *Diospyros* (*schitse* Bunge ?) à petits fruits sphériques aplatis, d'un centimètre 1/2 de diamètre.

Ils étaient alors d'un jaune verdâtre et contenaient des pépins mûrs. Je n'ai jamais vu cette espèce ailleurs; elle diffère essentiellement de toutes celles que j'ai rencontrées au Nord : *Diospyros Lotus*, L., *D. Schitse* Bge., et des espèces au nombre de quatre ou cinq, que M. Decaisne a eu l'obligeance de me montrer, qui provenaient de l'herbier du Museum, et quelques-unes de l'exposition Japonaise au Champ-de-Mars en 1878.

C'est peut-être le *D. vaccinioïdes* de Lindley, ou plutôt le *D. Morrisiana* de Hance que jusqu'ici on n'a trouvé qu'à Hong-Kong. Les habitants de Yang-so-Shan font avec ces fruits une sorte de mucilage employé par les femmes, en guise de bandoline, pour lisser leur chevelure. Je trouvai aussi les deux espèces de Ficus déjà notées à Pootoo, et un charmant arbrisseau à feuilles épaisses et persistantes ayant au bout des branches des fruits d'un rouge superbe, ressemblant aux baies du houx ; c'était peut-être un Ardisia. Le *Vitex incisa* Lam. était aussi là, en fruits, couvrant les roches.

Culture des Novaculines. — Enfin, la marée était basse et l'île semblait presque réunie à la terre ferme par une immense étendue de boue. Je descendis dans une grande barque à fond plat et deux avirons furent placés en travers, retenus par des taquets. Mes hommes se placèrent de chaque côté et s'aidant des avirons comme d'une barre de cabestan, ils poussèrent l'embarcation qui glissa bientôt sur la boue comme un véritable traîneau. A environ un mille du rivage, nous arrivâmes ainsi dans la partie du chenal où se trouvent enfouies dans la boue les Novaculines. Comme tous les Solénoïdes, ces coquilles habitent un conduit vertical, atteignant souvent la profondeur de deux ou trois pieds. Ces trous révèlent la présence des coquilles aussi indiquée par de petits jets d'eau que cause la pression transmise au sol élastique par l'approche du pêcheur, qui plonge alors rapidement son bras dans la boue et saisit le mollusque avant qu'il ait eu le temps de se retirer au fond de son puits. On a soin de ne point laver la boue bleue entourant les coquilles, vu qu'elle conserve l'humidité et permet de les transporter vivantes ; autrement, elles ne tarderaient point à mourir.

La *Novaculina constricta* a la forme générale d'un Solécurte dont elle n'est du reste qu'un sous-genre. Cette coquille est oblongue, légèrement striée par des lignes marquant ses accroissements successifs. La ligne de l'accroissement annuel est une strie plus profonde, quelquefois foliacée, située vers l'extrémité siphonale de la coquille qui est plus carrée qne celle correspondant au pied du mollusque. C'est aussi au tiers de la coquille et du côté de cette dernière extrémité que se trouve la charnière d'où part un sillon creux, se dirigeant obliquement jusqu'au milieu du bord opposé, qui en cet endroit rentre légèrement. Les valves ne se touchent qu'à la charnière et au milieu du bord opposé dans la partie rétrécie de la coquille. L'empreinte du muscle abducteur, située très près de l'extrémité pédale, forme un triangle à sommet aigu. L'une des valves possède deux dents, l'autre quatre. La coquille roulée est blanche; fraîche, elle est recouverte entièrement d'une légère pellicule brun-olive dépassant les valves dont elle se détache d'ailleurs très-facilement.

Les stries d'accroissement permettent de déterminer facilement l'âge de ces coquilles. Le plus vieux spécimen que je pus trouver a environ quatre ans. Il mesure 77 millimètres de longueur, 25m/m de largeur, 19m/m d'épaisseur. Mais on les laisse rarement atteindre cette taille, car on les récolte au bout de la troisième année. Bien que cultivées en grand nombre, on ne peut point dire que ces coquilles soient entièrement élevées en cet endroit. On prétend, en effet, que le naissain ne se trouve jamais qu'au fond du Port Nimrod, où on le ramasse à la main, sur le rivage. La raison probable est que le courant rapide des marées rejette les jeunes jusqu'au fond de la baie où la marée descendante les laisse sur la plage.

Quand on les y récolte pour la reproduction, ces coquilles sont fort petites, ne mesurant que quelques millimètres. Une livre (605 grammes) de ces coquilles ne coûte que 300 sapèques et en contient, dit-on, près de 4000. On les répand sur la boue, comme du blé semé à la volée, et elles ne tardent pas à s'y enfoncer. Ces champs d'un nouveau genre sont soigneusement délimités par des bambous piqués dans la boue. On ne récolte les coquilles qu'au bout de trois ans, elles ont alors acquis leur taille marchande et mesurent environ six centimètres de longueur. Mais pendant cette période elles ont à courir de nombreuses chances de destruction. Tantôt c'est une chaleur extrême qui durcit la surface de la boue ou échauffe trop l'eau des trous pendant l'intervalle des basses mers. Tantôt au contraire un vent violent les gèle durant cette même période. Les oiseaux marins, hérons, canards, etc., sont leurs plus grands ennemis lorsque la boue est à sec ; tandis qu'à marée haute certains poissons, tels que les raies, leur font la guerre. Il arrive ainsi quelquefois qu'une récolte entière est détruite soit par les agents atmosphériques soit par les oiseaux de mer. Lorsque ces derniers arrivent en trop grand nombre on paie un enfant pour les effaroucher. En moyenne, bon an mal an, environ un quart des coquilles semées survit à ces différentes causes de destruction.

La récolte se fait de la troisième à la huitième lune, c'est-à-dire pendant les six mois de printemps et d'été. Elle est faite par des hommes que les propriétaires des réserves paient à raison de quatre sapèques par livre de coquilles ramassées. Un bon pêcheur peut en récolter 50 cattis (ou livres) dans sa journée, ou plutôt pendant les quelques heures de basse marée, ce qui lui rapporte environ 200 sapèques par jour (près de 83 centimes), solde moyenne d'un journalier dans ce pays.

Les propriétés sont carrées et mesurées par tant de pas au côté. Un champ de 20 pas de côté peut être ensemencé pour une somme variant de 20 à 100 dollars, suivant la quantité de jeunes coquilles qu'on y dépose. Dans les bonnes années on peut réaliser un bénéfice de 10 pour cent sur la vente du produit. Les propriétaires de ces réserves habitent San-shan (les trois montagnes), un village situé en face de Yang-so-shan sur le continent. Quelques-uns d'entre eux possèdent d'immenses étendues de réserves et se font, dit-on, un revenu annuel de près de 2000 dollars. Les réserves sont ensemencées par rotation tous les trois ans.

Le commerce de ces mollusques est très-considérable. On en envoie chaque année de véritables chargements à Ningpo. On en mange beaucoup à l'état frais, mais le plus grand nombre est dépourvu de sa coquille et séché au soleil sur des claies de bambou. On les conserve alors en sacs et on les exporte un peu partout en Chine et même jusqu'au Japon sous le nom de *Ching-tszekan* (ching-tsze secs).

Mœurs et caractère du peuple. — Le 20 Novembre au matin je fis ma visite d'adieu aux trois familles habitant l'île. Ces gens me demandèrent de la poudre pour un vieux fusil rouillé que l'un d'eux possède, et des médecines européennes. Le sulfate de quinine est fort apprécié par ces pauvres gens qui ont souvent à souffrir de la fièvre ; les missionnaires leur en ont appris l'usage et ils ne manquent jamais d'en demander à tous les étrangers qu'ils rencontrent et qui généralement ne voyagent pas dans ces pays fiévreux sans une bonne provision de ce médicament. La médecine à feu *huo yao*, comme les chinois appellent la poudre, leur sert à charger quelque vieux mousquet de la tour de Londres, acheté au port voisin. Ils remplacent le plomb de chasse par de la grenaille de fer et tuent avec cela des cerfs, des faisans, des canards sauvages, des lièvres et même des sangliers qu'ils apportent sur le marché de Ningpo, où ils vendent ce gibier aux étrangers, car eux n'en mangent jamais. Ils font ce commerce en secret, le port d'armes à feu étant strictement interdit aux chinois. Par suite, dans certains endroits, les plantations sont ravagées chaque année par les sangliers, les faisans ou les autres animaux sauvages; aussi les paysans des environs des ports sont toujours bien aises de voir les étrangers venir chasser sur leurs terres. Il ont alors bien soin de leur indiquer les endroits les plus giboyeux et servent volontiers de rabatteurs. Il arrive bien quelquefois qu'un chinois pris pour le gibier est tué ou blessé, alors les villageois s'ameutent, crient beaucoup, menacent de tuer l'étranger. Si celui-ci sait avoir patience et se servir de sa langue, il entre en négociations avec les parents du blessé ou du mort et leur paie une bonne indemnité, variant suivant la gravité des blessures, l'âge et le sexe de sa victime. L'amende minimum n'est jamais au-dessous d'un dollar et cette somme paie même quelquefois pour la vie d'un enfant, surtout si c'est une fille. Pour un homme tué, c'est une plus grosse affaire et cela coûte souvent un millier de francs si la famille est turbulente et se plaint devant les autorités consulaires. Malheureusement il arrive aussi quelquefois que le chasseur, perdant toute patience devant les clameurs de la foule ameutée, s'emporte, frappe dans sa colère le premier qu'il trouve sous sa main ou menace quelqu'un de son révolver. Les pierres commencent alors à pleuvoir sur lui de toutes parts et il ne lui reste qu'à fuir au plus vite s'il ne veut pas se faire massacrer, ainsi que cela est arrivé à diverses reprises et sans qu'on ait jamais pu savoir ce qu'était devenu le corps du malheureux chasseur enterré en secret par les gens du pays. En général, avec de la fermeté et beaucoup de patience, l'étranger qui sait parler le langage du pays a peu de risques à courir, à part les insultes, et même un mot bien placé mettra souvent les rieurs de son côté ; le chinois en effet aime à rire et il comprend le calembour auquel du reste sa langue se prête merveilleusement.

CHAPITRE V.

Oiseaux aquatiques. — Baie des Méduses. — Récolte des herbes marines. — Ilot de Hai-shan. — Crabe des Moluques. — Pêcheurs aux filets de soie, description de ces filets. — Environs de Hsiang-shan. — Arbres divers : *Salisburya adiantifolia*. — L'arbre à suif *Stillingia sebifera*, son ver-à-soie. — Cire végétale du *Rhus succedanea*. — Cire d'insecte, *Coccus pé-la*. — Cire d'abeille.

Abandonnant l'île de Yang-so-shan, je continue ma route vers le fond du golfe de Nimrod et passe devant plusieurs rochers assez curieux, dont l'un est appelé par les chinois le Bœuf jaune. Pourquoi ? Je n'en sais trop rien. A moins que leur vive imagination ne leur ait fait voir là une grossière représentation de cet animal. On pourrait tout aussi bien y voir un château comme les premiers voyageurs anglais qui le remarquèrent et lui donnèrent sur leurs cartes le nom de " Castle Rock," qui me paraît mieux choisi que le premier; on croirait en effet voir de loin une vieille tour carrée se dressant au dessus des flots. A côté il s'en trouve un second plus grand appelé Ile Château « Castle Island ».

Oiseaux aquatiques. — Plus loin nous côtoyons l'île Nimrod. Au large de cette dernière, j'aperçois sur l'eau un vol de canards sauvages. J'arme à tout hasard un de nos vieux fusils dans lequel je glisse une balle chinoise, en fonte de fer, et j'ai la chance de blesser au cou un des oiseaux. Nous le ramassâmes et je reconnus un *Mergus Merganser* L. ou Grand Harle, canard à chair huileuse. J'en abandonnai la chair à mes hommes dont l'estomac n'avait pas de scrupules. La peau fut soigneusement préparée pour la collection des oiseaux pêcheurs destinée à l'Exposition de Berlin et qui se monta à 49 spécimens, nombre assez joli si l'on considère le peu de temps dont je pus disposer pour me les procurer. Ces oiseaux appartenant tous au district que je décris, j'en donne ici la liste, en latin, français et chinois :

ALCÉDINÉS. — Alcedo Bengalensis Gm. — Martin-Pêcheur bengalais. — Fei tsui niao. Yü Kou.
Alcedo lugubris Temm. — Martin-Pêcheur lugubre. — Li Yü Kou.

CHARADRIDÉS. — Vanellus cristatus Bp. — Vanneau huppé. — Wa tsze. Shui chi.
Charadrius fulvus Gm. — Pluvier fauve. — San-chih hui. Chin pei tsze.
Chettusia cinerea Blyth. — Grand pluvier cendré. — Shui wa hui.

GRUIDÉS. — Grus monachus Tem. — Grue moine. — Pai t'ou hsien ho.
Grus cinerea Tem. — Grue cendrée. — Hui ho.

Ardéidés. — Ardea cinerea L. — Héron cendré. — Tsang lu. Ching wu. — Lu wu.

Botaurus stellaris L. — Butor étoilé. — Shui lo to.

Tantalidés. — Ibis Nippon Tem. — Ibis du Japon. — Hung-Ho.

Ibis Nippon, var. sinensis Oust. — Ibis chinois. — Hui hung ho.

Scolopacidés. — Numenius phæopus Pall. — Courlis corlieu. — Hsiao ma ho.

Recurvirostra avocetta L. — Avocette vulgaire. — Shang wan tsui.

Tringa canutus L. — Bécasseau canut. — Tsze hua chio.

Scolopax rusticola Gm. — Bécasse vulgaire. — Ta shui cha.

Gallinago scolopacina Bp. — Bécassine vulgaire. — Shui cha.

Rynchæa Bengalensis Blyth. — Bécassine du Bengale. — Shui ma chio.

Rallidés. — Rallus Indicus Blyth. — Râle indien. — Hui mei Hsiang chi.

Fulica atra L. — Foulque noire. — Ku ting chi.

Anatidés. — Anser albifrons Gm. — Oie à front blanc. — Pai ê yen.

Anser segetum Mey. — Oie des moissons. — Tou yen.

Cygnus Bevickii Midd. — Cygne de Bevick. — Tien ê. Hsiao hua ê.

Anas boschas L. — Colvert. — Kou wei ya. Yeh ya tsze.

Anas (Querquedula) crecca L. — Sarcelle d'été. — Yü hu lu ya.

Anas (Spatula) clypeata Pall. — Canard souchet. — Pi pa tsui ya. — Shao tsui ya.

Anas formosa Georgi. — Sarcelle élégante. — Yen ching ya.

Anas zonorhyncha Swinh. — Canard à bec zoné. — Huang-tsui chien Ya.

Anas falcata Pall. — Sarcelle à faux. — Hua shui ya. Lowen ya.

Anas clangula L. — Garot vulgaire. — Chin yen ya.

Anas strepera L. — Canard chipeau. — Ko ta sang ya.

Mergus Merganser L. — Grand Harle. — Chien tsui ya.

Mergus serrator L. — Harle huppé. — Chien tsui-ya.

COLYMBIDÉS. — Colymbus septentrionalis L. — Plongeon cat-marin. — Hei ssu mao ya.

PODICIPIDÉS. — Podiceps Philippensis, Swinh. — Grèbe des Philippines. — Ssu mao ya.

Podiceps cornutus Gm. — Grèbe cornu. — Ssu-mao ya.

LARIDÉS. — Larus argentatus L. — Goëland argenté. — Yin ssu hai-mao.

Larus canus L. — Goëland cendré. — Tu hai mao.

Larus ridibundus Tem. — Mouette rieuse. — Hung tsui hai-mao.

PÉLÉCANIDÉS. — Pelecanus Philippensis Gm. — Pélican des Philippines. — Tang ê.

Carbo capillatus Tem. — Cormoran. — Lu tsze.

A cette liste, qui donne déjà une idée suffisante de la richesse de la faune ornithologique et aquatique de ces parages on peut encore ajouter les oiseaux suivants que j'ai trouvés au Muséum de Shanghaï avec une étiquette marquée Ningpo :

CHARADRIDÉS. — Ægialitis minutus Pall. — Petit pluvier. — Chin-pei tzu.

ANATIDÉS. — Aix galericulata L. — Canard mandarin. — Yüan Yang.

Dafila acuta Eyt. — Pilet vulgaire. — Chien wei ya.

PÉLÉCANIDÉS. — Pelecanus mitratus Lich. — Pélican oriental. Tao-Ho.

J'ai aussi reçu un magnifique albatros blanc et noir tué par un capitaine de navire au large des îles Chusan, où l'espèce noire a aussi été remarquée; ces deux oiseaux sont sans doute le *Diomedea brachyura* Less. et le *Diomedea derogata*, découvert au Shantung par Swinhoe.

Enfin M. l'abbé Armand David a aussi remarqué pendant un voyage par mer de Shanghaï à Ningpo vers la mi-mai :

PÉLÉCANIDÉS. — Sula liber Blyth. — Petit Fou. — Hsiao Tao ho.
PROCELLARIDÉS. — Puffinus leucomelas Tem. — Puffin blanc et noir. — Hsiao Tao ho.
LARIDÉS. — Larus crassirostris Vieill. — Goéland à bec zoné. — Hai Mao.

Nous pourrions en citer bon nombre encore que l'on trouve chaque jour en hiver sur les marchés de Ningpo et Shanghaï, où les chinois les apportent pour les vendre aux étrangers. Ils prennent ces oiseaux au lacet ou au filet ; quelquefois ils les chassent au fusil.

Le plus remarquable de tous ces oiseaux est l'*Ibis Nippon*, variété *sinensis*, commun aux environs de Ningpo et qui fut découvert pour la première fois dans cette province du Chêkiang par M. l'abbé David. Cet Ibis a la taille et les proportions de l'Ibis Nippon, mais il en diffère par son plumage qui est d'un gris cendré sur la huppe, le cou, le dos, les ailes et la partie supérieure de la poitrine, et d'un blanc plus ou moins nuancé de rose, comme l'I. Nippon, sur l'abdomen et les grandes pennes des ailes et de la queue.

L'Ibis du Japon, dont j'ai possédé aussi plusieurs spécimens venant de Ningpo, est blanc et rose, c'est un fort bel échassier. Les Chinois confondent les deux variétés et prétendent, peut-être avec raison, que c'est le même oiseau dont le plumage varie suivant l'âge ou plutôt la saison. Les nichées sont toujours composées de deux petits.

Un autre oiseau qui n'avait encore été signalé que dans le détroit de Behring par Richardson, sous le nom de *Fulix mariloïdes* Vich, a été trouvé à Ningpo par M. Swinhoe. Plusieurs lui furent apportés vivants par des pêcheurs, dans les filets desquels ces canards s'étaient pris en poursuivant le poisson sous l'eau.

Un autre canard de la Sibérie orientale, la Fuligule de Baer, *Fulix Baeri* Radde, vient aussi chaque hiver, aux mois de février et mars, visiter les environs de Ningpo.

Baie des Méduses. — Ayant passé un rocher, que sa position au milieu du golfe a fait appeler Ile-du-Milieu, nous apercevons à babord une gorge étroite s'ouvrant entre deux caps escarpés, couverts de pins et de bambous, qui s'avancent jusqu'au bord de l'eau ; celle-ci illuminée par le soleil de midi apparaît d'une belle couleur d'aigue-marine. Tenté par la beauté incontestable de ce site, je fais mettre le cap sur cette nouvelle crique appelée sur ma carte « Medusa bay » baie des Méduses. Cette baie fort étroite à son entrée, fait bientôt un large coude et s'enfonce jusqu'à 4 milles et demi dans la direction du Sud-Ouest. Elle s'étend alors comme un lac dont les bords sont formés de tous côtés par des montagnes s'élevant à mesure qu'on approche du fond de la baie. L'une d'elles remarquable par son altitude et appelée Hsiang-Shan, donne aussi son nom à la baie, ainsi qu'à une ville de troisième ordre ou *Hsien* située sur un ruisseau qui se jette au fond d'une des criques.

Pendant les chaleurs de l'été, les eaux transparentes de cette baie sont constellées par d'innombrables méduses, d'où le nom qu'elle porte. Les chinois savent tirer bon parti de cette manne aquatique. Montés sur leurs légers sampans et armés de filets à main, ils s'emparent aisément de ces proies faciles qu'ils font ensuite sécher sur les rochers du rivage, ayant eu soin de les saupoudrer d'alun pour les durcir et en faciliter la dessiccation, et les conservent avec du sel dans des pots de terre vernissée, fabriqués dans le voisinage. Voilà encore un mets auquel, je crois, nos pêcheurs français n'ont jamais songé et j'avoue que je n'ai jamais eu la tentation d'en manger. Sans doute, l'occasion m'a manqué, car si je l'eusse trouvé servi sur la table d'un de mes hôtes chinois, il aurait bien fallu m'exécuter et goûter aux méduses frites comme j'avais goûté aux holothuries et aux seiches bouillies. N'ayant pu voir ces acalèphes en vie, je n'en puis déterminer exactement l'espèce ; d'après les dessins chinois et les débris salés que j'ai pu examiner, je crois bien que ces méduses appartiennent à l'espèce connue sous le nom de *Rhizostoma Cuvieri.* Le nom chinois vulgaire est *Shui mu* (mère de l'eau), dans les livres classiques on trouve *Hai hsich* l'équivalent du nom anglais « Sea nettle », ortie de mer et qui rappelle les propriétés urticantes de plusieurs espèces de ces méduses. Ceci tend aussi à prouver qu'il en existe plusieurs variétés dans ces eaux et entre autres la Cyanée vénimeuse *Cyanœa capillata*, qui produit sur la peau une brûlure comparée par les chinois à la piqûre du scorpion. Quelques-uns de ces rhizopodes atteignent de très-grandes dimensions, j'en ai vu dont le disque mesurait près de deux pieds de diamètre.

Récolte des herbes marines. — Vers le milieu de la baie de Hsiang-Shan, je remarque une pêcherie de varech qui fournit, dit-on, tous les environs. Je descends aussitôt à terre, afin de recueillir le plus de détails possibles sur cette industrie qui, en cet endroit, fournit du travail à de nombreux ouvriers.

Lorsque la mer est basse, on récolte le varech au moyen de rateaux à très-long manche et à longues dents de fer, plates et presque coupantes, disposées obliquement de façon à former crochet. On ne récolte ici qu'une espèce d'algue qui est très-abondante et consiste en longs filaments d'un beau vert, conservant cette couleur malgré la dessiccation. Cette algue marine qui est je crois le *Sphœrococcus cartilagineus var. setaceus*, croît dans les endroits où la mer est très-claire. On la fait sécher sur des cordes tendues à un mètre du sol le long du rivage. Les pluies la gâtent, en la privant de sel. Elle blanchit alors et pourrit. Elle perd environ 80 à 85 pour cent de son poids par la dessiccation. On en compte trois qualités. Les deux dernières sont mélangées de nombreux filaments blancs. On distingue quatre espèces ou variétés suivant les saisons pendant lesquelles on les a récoltées. Le nom général est *Tai chiao*, mais les variétés sont distinguées par les noms des saisons. La journée moyenne des pêcheurs est d'environ 200 à 300 sapèques et la valeur des algues de 30 à 36 sapèques le catti à Hsiang-shan, tandis qu'à Ningpo cette valeur monte jusqu'à 100 sapèques pour la qualité supérieure le Tai chiao d'hiver qui est considéré comme le meilleur étant le plus coloré et le plus riche en sel. Ces algues ont un goût salé assez agréable; on y trouve aussi l'odeur de l'iode. Elles sont fort employées en guise de sel et de condiment.

Mais ces algues ne sont pas les seules employées ; sur les rochers des îles on récolte aussi en quantité une algue violette, *Porphyra vulgaris* Ag. appelée *Tsze tsai* (légume violet) en chinois et qu'on vend sur le marché de Ningpo en feuilles circulaires d'un pied de diamètre obtenues en desséchant une quantité de ces algues dans un cadre de bambou.

J'ai encore trouvé à Ningpo, et provenant des environs, un varech blanc, le *Gelidium corneum* Ag., qui fournit une gélatine fort estimée et est appelé *Shih hua tsai* (légume fleur de pierre). Le *Laminaria saccharina* y est importé de la Sibérie russe et surtout du Japon, ainsi que le *Glœopeltis intricata* qui sert surtout de condiment.

Ilot de la baie de Hsiang-shan. — J'avais à peine achevé ma visite qu'une forte brise nous poussa rapidement vers le fond de la baie et nous fit bientôt rouler d'une manière si désordonnée que mon domestique n'eut point honte d'avoir le mal de mer. Nous jetâmes l'ancre sur un fond de boue molle à plus d'un mille du rivage et non loin d'un îlot des plus pittoresques, couvert de pins et de bambous croissant dans l'intervalle d'immenses masses de granit roulé, évidemment des blocs erratiques descendus des montagnes élevées qui entourent le fond de la baie. Ces blocs entassés les uns sur les autres, jusqu'à une hauteur de près de cent pieds, semblaient l'ouvrage des titans. Au sommet d'un de ces rochers était perchée une compagnie d'énormes pélicans sur laquelle je tire plusieurs balles avant de pouvoir les effrayer. Je grimpe jusqu'à la cime de cette petite île, appelée *Hai-shan*, montagne de la mer, formée par un immense bloc arrondi qui représente assez bien le dos d'une gigantesque baleine. Le granit s'exfolie par couches en sorte qu'on dirait que la peau du monstre a été dévorée à certaines places par les oiseaux de mer, dont les déjections blanches couvrent les roches des environs. Sur les pierres je récolte une charmante fougère scolopendre *Trichomanes Sp.* et le figuier rampant (*Ficus stipulata*).

Crabe des Moluques. — Dans le sable je trouvai à basse mer les fragments encore pourvus de chair de la carapace d'un crabe fort curieux de l'ordre des Xiphosures et que je croyais n'exister qu'aux Moluques : le *Limulus*. Il est d'ailleurs assez rare ici et les fragments étaient trop incomplets pour que je puisse décider si c'était le *Limulus longispinus* ou le *Limulus cyclops* que je venais de trouver. Les pêcheurs se servent de sa carapace comme d'une écuelle.

Pêcheurs aux filets de soie. — Après avoir passé toute la nuit du 20 novembre à rouler à l'ancre en vue de l'îlot de Hai-shan, j'eus toutes les peines du monde à y débarquer le 21. La mer était basse et bien qu'à deux milles de terre nous étions presque à sec tant le fond découvre en cet endroit. Je pus heureusement trouver le lit d'un ruisseau qui descendait d'une haute montagne et creusait entre deux grandes berges de boue un chenal ayant assez d'eau pour notre petit youyou. Les nombreuses roches éparses autour de l'îlot facilitèrent la descente qui autrement n'aurait été praticable qu'avec des pousse-pied. Halés sur le sable d'une des plages, je remarquai toute une flottille de pêcheurs aux filets de soie. Leurs bateaux sont longs et étroits, calent fort peu d'eau, et sont recouverts de nattes en bambou formant voûte. Souvent ils sont réunis deux à deux et recouverts d'un toit commun.

L'espace libre entre le fond de l'embarcation et le toit n'est que de trois ou quatre pieds et cependant toute une famille vit sur ces frêles esquifs que le vent de la nuit aurait infailliblement chavirés s'ils se fussent trouvés à la mer. Le fond du canot est divisé en compartiments dont quelques uns toujours pleins d'eau servent à conserver vivant le poisson pris dans les filets. Dans les autres on loge les quelques ustensiles de ménage, le bois et le charbon que l'on brûle dans un petit fourneau en terre avec chaudière en fer qui se trouve solidement maçonné dans la proue du bateau. En dehors une longue perche horizontale sert à suspendre les filets.

Profitant du repos forcé que leur imposait l'état de la mer, ces pêcheurs étaient tous occupés à réparer leurs filets et à les sécher au soleil. Les murs et les arbres en étaient couverts, aussi je pus les examiner à loisir et même m'en procurer une collection complète qui compte sept filets de mailles différentes et dont chaque bateau possède un jeu complet.

Ces petits bateaux s'aventurent souvent à de grandes distances dans la baie de Nimrod et même en mer. La flottille que je trouvai à l'îlot de Hai-shan venait des environs de Ningpo. Ne trouvant pas toujours de l'eau dans les îles sauvages où ils vont faire sécher leurs filets, ils ont soin d'en emporter une bonne provision dans un seau ovale et plus large au fond qu'au bord, ce qui lui donne plus de stabilité. On y puise l'eau au moyen d'un tube de bambou formant cuiller. Tout le reste du mobilier, baquets, gamelles, plats, est en bois, de sorte que quand par malheur le bateau chavire, tout flotte à la surface, même les enfants sur le dos desquels est fixée une grosse gourde qui leur tient lieu de ceinture de sauvetage. Quelques poignées de paille forment tout le couchage de ces pauvres gens.

Les filets sont d'immenses nappes d'une longueur de cinquante mètres sur deux à trois pieds de largeur qu'on dispose verticalement dans l'eau partout où le courant n'est pas trop fort. Dans les rivières et canaux on les dispose en zigzag allant d'un bord à l'autre. Ils sont faits en soie blanche très-fine et non tordue ; j'en ai vu dont la soie était aussi fine que des cheveux. La largeur des mailles varie de 2 à 4 centimètres; les flotteurs sont formés de petits bouts de tige de jonc ou de roseau (*Phrag-*

mites) très-adroitement noués à chaque bout, ce qui empêche l'eau de pénétrer à l'intérieur et d'y pourrir la moelle. La partie inférieure est garnie de petits cylindres en terre cuite fort compacte et si dure qu'on les dirait en ardoise; ils mesurent un centimètre de long sur deux millimètres de diamètre. On emploie aussi de petites baguettes de plomb, quelquefois remplacées par des sapèques. Les flotteurs et les poids sont fixés non sur la soie, mais sur une bordure faite d'un double fil en ortie de Chine. Bien que chaque filet représente un travail considérable, ils ne coûtent guère que 10 francs pièce et je pus me procurer la collection des 7 pour 60 francs.

Ces filets sont plongés dans l'huile bouillante de l'*Eleococca vernicifera* qui donne à la soie une légère teinte blonde et une demi transparence, ce qui la rend parfaitement invisible dans l'eau et la conserve en même temps en la rendant très-résistante. Ils flottent à la surface, mais on les charge quelquefois de façon à les immerger complétement et à les faire reposer sur le fond de sorte qu'on en a deux étages. J'ai bien essayé de savoir de ces véritables artistes en hydrostatique s'ils n'avaient pas de filets flottant entre deux eaux, ils m'ont assuré que non. Le poisson est pris par les ouies dans les mailles et d'autant mieux que le filet est invisible et très-léger. Les filets neufs sont d'un beau blanc, on dirait qu'ils sont faits avec les fils de la Vierge tant ils sont légers (quelques grammes seulement sans les plombs et flotteurs); on pourrait presque les envoyer dans une lettre tant ils prennent peu de place pliés et foulés. Huilés ils ont l'air d'être tissés avec la blonde chevelure de Vénus. Massés sur une longueur de quelques pieds, on dirait une étoffe faite des brouillards de la mer. Avec quelques-uns de ces char mants filets, quelles délicieuses jupes de danseuses d'opéra l'on pourrait faire, ce serait d'un léger féerique et l'effet serait encore rehaussé en les plaçant sur du satin rose ou bleu, ce qui permettrait d'en faire des robes de bal.

Ces merveilleux filets qui ont été fort admirés à Berlin où ils ont aussi été très-remarqués des pêcheurs, viennent des environs du lac *Tung tien hu* à quelques lieues au Sud de Ningpo. Ils ne sont pas tissés par des fées comme on pourrait le croire, mais par les mains des femmes des pêcheurs qui sont loin d'être comparables aux naïades et aux sirènes. La ville de *Shao-hsing* est aussi célèbre pour ses filets de soie.

Au moment où je visitai cette flottille de pêcheurs, j'en trouvai aussi beaucoup d'occupés à reteindre leurs filets, opération qu'on doit répéter de temps en temps. Les cordes en ortie de Chine qui supportent les flotteurs et les poids sont de plus trempées dans du sang de cochon légèrement additionné d'eau. C'est aussi la préparation que l'on fait subir à tous les filets de chanvre. Bien qu'ils m'aient assuré le contraire, je crois que les pêcheurs mettent un peu d'alun dans cette préparation. Il se combine avec l'albumine du sang et forme une sorte de vernis imperméable qui protége les filets. Je dois faire remarquer ici que les Chinois sont extrêmement méfiants et qu'il est très-difficile d'obtenir d'eux des détails sur ce que nous appelons nous-même les secrets du métier. Il faut user de ruse, leur indiquer et expliquer d'abord des préparations analogues connues en Europe. Peu-à-peu, voyant qu'on en sait déjà si long, ils prennent confiance et l'on finit, en y mettant beaucoup de patience et un peu de tact et d'adresse, à apprendre d'eux ce que l'on désirait savoir.

Lorsque les filets sont apprêtés et secs, on les plie en les enfilant par la ligne des flotteurs entre deux grosses aiguilles de bambou piquées à chaque bout dans un léger bloc de bois de pin. Cet instrument fermé a la forme d'un cadre long et étroit qui sert à pendre le tout. A la partie inférieure, dans les boucles formées par la ligne des plombs, on passe un brin de rotin ou de bambou tourné en cerceau à chaque extrémité, ce qui empêche le filet de se brouiller. Lorsque l'on veut jeter le filet, le pêcheur ouvre le cadre, enlève la bande de rotin et déploie le filet, qu'il tient de la main gauche; au moyen d'une petite fourche en bambou il le dépose soigneusement dans l'eau de la main droite. A chaque extrémité il laisse fixée une moitié du cadre formant une petite bouée de repère. On relève souvent ces filets en usant des mêmes précautions : un petit filet épuisette sert à amener à bord les plus gros poissons. Un bon filet de soie peut durer trois ans.

Environs de Hsiang-shan. — Hsiang-shan est une ville de troisième ordre ou *Hsien* ; située à vingt-six *li* (1) du fond de la baie à laquelle elle donne son nom. Comme elle n'a rien de particulier je renonce à la visiter, mais, tenté par la beauté du paysage, je laisse la pêche de côté pour quelques heures et vais flâner dans les environs. Un petit chemin dallé d'un demi-mille relie à marée basse l'îlot de Hai-shan à la terre ferme. Ce chemin me mène à un village de pêcheurs dans les rues duquel je remarque des tas de coquilles de paludines, *Paludina chinensis*, *P. vivipara* etc., dont la pointe brisée atteste qu'elles ont été mangées par les habitants. La côte s'élève rapidement et au-dessus des collines je vois au loin la tête superbe du *Ta lei shan*, une haute montagne dont l'influence est des plus favorables ; son *Feng shui*

(1) Un li = 400 mètres.

(vent et eau) comme disent les chinois, est excellent.

Aussi sur ses pentes nombreuses se trouvent, dans des sites charmants, les tombeaux des riches habitants du pays. Ces tombeaux consistent en *tumuli* devant chacun desquels se dresse une table de marbre blanc qui porte le nom et les titres du défunt ainsi que la date de l'érection du monument.

Plus je m'éloigne de la mer plus le paysage devient intéressant. Le chemin étroit et soigneusement pavé traverse un petit ruisseau sur un pont horizontal formé de belles dalles carrées bordées de chaque côté de dalles plus longues qui forment le tablier et reposent sur des piliers de granit. Toute cette construction en ligne droite et à angles droits diffère essentiellement de l'architecture des ponts du Nord qui sont bossus, et de ceux des environs de Ningpo, qui sont à voûtes semi-circulaires.

Ce petit chemin propre et bien entretenu, monte et descend sur les collines et dans d'humides vallons au fond desquels des ruisseaux murmurent et roulent en cascades de rocher en rocher. Bien qu'en hiver, le paysage est délicieux, je dirai même plus joli qu'en été où tout est uniformément vert.

Arbres divers, le Salisburya adiantifolia. — Sur le fond noir des pins chinois les bambous se détachent par leur vert glaucescent et les érables par leurs feuilles jaunissantes. Près des villages de superbes camphriers étalent leur feuillage brillant et d'un vert sombre relevé par les feuilles jaune d'or du *Salisburya adiantifolia.* Cet arbre de la famille des Conifères et qu'on ne trouve plus en Europe qu'à l'état fossile atteint souvent une grande hauteur et une forte circonférence. On en cite un dans un temple aux environs de Péking qui mesure quarante pieds de tour. Il croît parfaitement droit et son bois est d'un grain très-fin. Ses fruits ressemblent à des abricots et exhalent une forte odeur d'acide butyrique. L'amande renfermée dans un noyau blanc et mince fournit un aliment sain, lorsqu'elle est rôtie. On en retire aussi une huile douce à saveur agréable, employée en pharmacie. Quelques-uns de ces arbres sont très-vieux ; il en existe que l'on dit remonter à la dynastie des Yuan, XIIIe siècle. La feuille, dont la forme se rapproche de celle des frondes du Capillaire de Montpellier (*Adiantum capillus-Veneris*), lui a fait donner par les anglais le nom de " Maiden-hair tree " (Maiden-hair cheveux de vierge, cheveux de Vénus). Les feuilles d'un vert glauque en été, jaunissent en automne et tombent en hiver.

Arbre à suif, Stillingia sebifera. — Plus loin je remarque de nombreuses plantations d'arbres à suif dont les feuilles sont rougies par l'automne, tandis que les capsules noires s'ouvrent et montrent les graines recouvertes d'une légère couche de matière blanche et onctueuse, le suif végétal.

Cet arbre étant particulier à la Chine et fort commun dans la province du Chêkiang, où on le trouve croissant à l'état sauvage sur les montagnes des environs de Ningpo, mérite une description particulière d'autant plus qu'il fournit la presque totalité du suif employé dans ce pays à la manufacture des bougies dont on se sert dans les temples et les cérémonies. La religion boudhique défend en effet de tuer tout ce qui a vie et ce serait un péché grave de brûler sur les autels un suif de provenance animale. Puis comme je l'ai déjà dit, les moutons sont rares dans cette province, inconnus même dans les îles et les bœufs ou les buffles ne sont jamais sacrifiés à la boucherie. Bien qu'on trouve cet arbre jusqu'à Canton et dans l'île de Formose, ce n'est que dans les provinces du centre, dans le Fokien et le Chékiang qu'on en extrait la matière sébacée.

Le *Stillingia sebifera*, A. de Jus. Mx. aussi appelé par les savants *Croton sebiferum* ou *Excœcaria sebifera*, porte en chinois le nom de *Wu chiu shu* ou *Chin tsze shu*, c'est-à-dire l'arbre au noir *chiu* parce que ses feuilles s'emploient dans la teinture en noir, ou l'arbre au *chiu tsze* le nom de ses fruits. On l'appelle encore *Ya chiu*; le *chiu* aux corneilles, qui dit-on aiment à manger ses fruits. Les anglais en Chine et dans l'Inde, où il a été introduit, le nomment "Tallow tree" arbre à suif et "Chinese Wax-tree" arbre à cire chinois.

Cet arbre appartient à la grande et utile famille des Euphorbiacées, tribu des Hippomanées. Les feuilles sont rhomboïdales, aussi larges que longues, acuminées, très longuement pétiolées, glabres et d'un vert brillant en été. En automne elles prennent toutes les teintes du jaune au rouge le plus vif et ne tombent que peu-à-peu et fort tard en hiver, aussi plusieurs auteurs ont-ils assuré que l'arbre n'en est jamais dépourvu. Sans cesse retournées par le vent elles ressemblent de loin à celles du peuplier tremble.

L'inflorescence est formée de longs chatons coniques de petites fleurs apétales d'un jaune verdâtre qui s'ouvrent vers le mois de mai. Le fruit est une capsule à trois coques, qui de verte devient noire en mûrissant et s'ouvre en trois carpelles qui en tombant laissent voir les graines recouvertes d'une sorte de cire blanche ou suif. Ces graines, au nombre de deux dans chaque fruit, ont la forme et la grosseur de grains de café.

L'arbre à suif se propage par semis ; on le transplante ensuite sur le bord des chemins, des canaux ou des champs, là où il ne gêne point la culture. Dans les montagnes de Hsiang-shan je l'ai vu planté en champs. Il commence à produire vers la huitième année et à l'âge de 12 ans atteint toute sa croissance. Il mesure alors une vingtaine de pieds de hauteur sur un diamètre d'environ 20 à 25 centimètres au pied. Sa forme générale ressemble au pommier. Il peut produire pendant 80 ans et en vit même 100. En vieillissant il se pourrit par le pied qui se creuse en forme de mortier, d'où son nom de *Chiu*, qui s'écrit avec les deux caractères *arbre* et *mortier* et signifie par suite arbre-mortier. Un bon arbre peut fournir une récolte annuelle de 20 à 30 cattis de graines, quelques-uns en donnent jusqu'à 100.— Chaque picul (100 cattis) de graines donne 22 à 23 cattis de suif épuré appelé *Pai yu*, suif blanc, et 15 à 16 cattis d'huile dite *Ching yu*, huile claire. Dans le centre de la province de Chêkiang, le prix d'un picul de graines, telles qu'on les récolte sur l'arbre, est d'environ 3 dollars. Le suif, épuré et fondu en gâteaux circulaires d'un demi-picul, se vend à raison de 8 à 10 dollars par picul ; à Ningpo ces prix montent à 12 dollars.

Le bois de cet arbre est blanc, mou et onctueux; il ne sert qu'à faire des planchettes de noria, des semelles et des faux talons pour les petits souliers des femmes ; ou encore des blocs pour hacher la viande. Les parties de la province où l'arbre à suif est le plus cultivé sont les parties centrales et occidentales, ainsi que le Nord-Est, la plaine de Ningpo et les îles Chusan.

Voici maintenant comment l'on extrait le suif végétal des graines du Stillingia. Au mois de Décembre, lorsque presque toutes les feuilles sont tombées ainsi que les carpelles, on brise toutes les petites branches qui portent des fruits à leur extrémité et on les réunit en fagots. On en détache les graines en les battant sur le bord d'un

8

baquet, on enlève ensuite, autant que possible, tous les débris de coques ou de branches. Les graines sont alors introduites dans un cylindre de bois dont le fond est percé de trous et qu'on soumet pendant quelques minutes à l'action de la vapeur d'eau bouillante en les suspendant dans des vases de fer encastrés dans un fourneau long et étroit. La substance sébacée est ramollie par cette opération et se détache plus facilement des graines ; pour l'en séparer, on renverse le contenu des cylindres dans un mortier de pierre et on bat légèrement avec des maillets de bois. On place ensuite le tout sur des tamis chauffés, au travers desquels le suif s'écoule dépouillé de l'albumine des graines. Mais il est encore sali par des débris d'écorce et ressemble, comme consistance et comme couleur, à de la farine de graine de lin. Pour le purifier entièrement, on le met encore chaud dans un cylindre fait d'anneaux de paille tressée, superposés, qu'on place dans une auge horizontale en bois, solidement cerclée de fer. Là on le soumet à une pression graduelle et énergique au moyen de coins de bois dur, chassés avec un mouton de pierre. Le suif s'écoule alors parfaitement blanc, dans des baquets peu profonds, où il ne tarde pas à se solidifier. Pour empêcher l'adhérence, l'intérieur de ces moules est préalablement saupoudré de terre rouge.

L'huile se retire de l'albumine des graines au moyen du même procédé; c'est une huile fixe, de qualité inférieure, qu'on emploie à l'éclairage. Le tourteau sert comme engrais.

Suivant le docteur Macgowan, que j'ai eu l'honneur de connaître à Shanghaï, le suif végétal se compose principalement de tripalmitine et fond à 40° centigrades. La température de l'été s'approchant de ce chiffre, qu'elle atteint même quelquefois à l'ombre, on est obligé, pour donner quelque consistance aux chandelles, de les mélanger de cire végétale; on les recouvre aussi de plusieurs couches de cette cire moins fusible et plus dure que le suif.

Les feuilles du Stillingia fournissent une teinture noire lorsqu'on les fait bouillir avec du sulfate de fer et de l'alun. On se contente souvent de les laisser infuser une dizaine de jours dans de l'eau avec de la limaille de fer. Ceci prouve qu'elles renferment une forte proportion de tannin.

Ver à soie de l'arbre à suif. — Enfin, ce même arbre nourrit aussi un ver à soie sauvage qui fournit dans les provinces du Sud une soie appelée *Ching-hsiang-tsien*, c'est-à-dire cocons de Ching-Hsiang, nom ancien de la ville de *Chia-Yin-Chou* (lat. 24° 10′ 17, longit. 113° 43′ 7″) dans la Préfecture de *Chao-Chou-Fu*, province du Kuangtung. Ces cocons valent à Hong-Kong 3 et 4 sapèques la pièce. La soie est grosse et rude et fournit à bon marché des étoffes d'une grande solidité et ressemblant fort au Pongée fait de la soie du chêne du Shantung. La chenille a tout le corps recouvert d'une poudre blanche très-fine et s'appelle *Fun-tsham*. Lorsque les habitants de Chia-Yin-Chou veulent élever ce ver à soie, ils capturent un papillon femelle, *Tsham-ngo*, l'attachent par une patte sur un paquet de paille à l'extrémité d'une perche en bambou qu'on pique près d'un arbre. Pendant la nuit le papillon mâle vient féconder la femelle qui ne tarde pas à pondre sur la paille un grand nombre d'œufs. Quand les jeunes chenilles sortent de l'œuf, on les transporte sur les arbres à suif (1).

Quel est ce ver à soie si intéressant, il m'est malheu-

(1) Notes and Queries on China and Japan. The wild silk-worm by Charles Piton, New series, Vol. IV, p. 63.

reusement impossible de le dire, ne l'ayant jamais vu. M. Piton dit seulement que le papillon est commun à Hong-Kong, où il vole pendant le jour et se laisse prendre facilement; et que la chenille est entièrement recouverte d'une poudre blanche très-fine. D'un autre côté, M. Theos Sampson (1) décrit comme fournissant la soie de *Chia-Yin-Chou* (*Ka-yin-chou* en cantonnais), appelée *Ching-hsiang-tsien*, une chenille ayant 2 à 2 1/2 pouces de long et un demi-pouce de diamètre, de couleur verte, dont le dos et les côtés sont marqués de bandes longitudinales, 6 jaune-pâle et 5 vert-de-mer. Ces couleurs sont disposées alternativement, les bandes inférieures des côtés étant jaunes tandis que la bande centrale sur le dos est verte. Sur chacun des onze anneaux de la chenille se trouvent six tubercules d'un dixième de pouce (2 m/m) de diamètre et de même hauteur. Il sont placés sur les bandes jaunes. Ces tubercules obtus sont couronnés d'une demi-douzaine de poils disposés en étoile et variant en longueur d'un dixième de pouce (2 m/m) à un demi-pouce (12 m/m). — Sur le dernier anneau deux des tubercules paraissent être des pieds atrophiés. D'après le même auteur, le cocon est brun, d'une apparence fort soyeuse et adhére aux branches et aux feuilles au moyen d'une gomme si forte qu'il faut le mouiller pour l'en détacher. Cette gomme se trouve dans toute l'épaisseur du cocon qui est pyriforme et toujours muni à sa plus petite extrémité d'une ouverture par laquelle l'auteur suppose avec raison que le papillon fait sa sortie (sans rien briser ?).

Le papillon est un crépusculaire (moth) et mesure de 4 à 5 pouces (de 10 à 12 1/2 centimètres) d'envergure; les ailes sont pareilles dans les deux sexes. Elles ont

(1) Notes and Queries on China and Japan. Vol. IV, p. 11.

un fond d'un joli rose-pâle marqué de zônes à courbes élégantes de plusieurs nuances de brun.

Sur les ailes externes ces marques se dessinent en lignes profondément échancrées (comme des dents de scie irrégulières). Sur chacune des quatre ailes, se trouve un œil (*speculum*) de diverses couleurs à teintes plus foncées que celles des ailes. Le corps de la femelle mesure un pouce et un quart de longueur (31 m/m) sur quatre dizièmes de pouce de largeur (5 m/m) dans toute sa longueur. Il est d'abord couvert d'un poil noir sur lequel viennent se détacher plus tard des anneaux rose-tendre. Le corps du mâle est plus petit. Les antennes mesurant un demi-pouce de longueur (13 m/m) sont pectinées et étroites chez la femelle; elles ont chez le mâle l'élégante forme de plume qui caractérise la famille des Bombycides.

D'après ces détails nous avons là en effet un Bombyx; mais lequel ? La description que je viens de traduire s'applique presque exactement aux deux sericigènes connus sous les noms d'*Attacus Pernyi* du Shantung et d'*Attacus Yama-maï* du Japon, qui vivent tous deux sur les feuilles de plusieurs variétés de chênes. La description de la chenille seule ne concorde guère.

Cire végétale du Rhus succedanea. — Il ne faut pas confondre le suif végétal du *Stillingia sebifera* avec la cire végétale qu'on trouve aussi à Ningpo et qui est importée du Japon. Cette cire est fournie par les fruits d'un arbre de la famille des Térébinthacées, tribu des Anacardiés : le *Rhus succedanea* L. qui pousse aussi en Chine. C'est même de cet arbre que les Chinois extraient leur vernis ou laque, qui découle d'incisions faites dans le tronc. La cire du *Rhus succedanea* se trouve en couche épaisse sous l'enveloppe du fruit. Pour l'obtenir, on fait bouillir les fruits dans l'eau et la cire surnage. On la verse alors dans des moules où elle se congèle. C'est une huile concrète plutôt qu'une cire, bien qu'elle contienne 14 0/0 de cette dernière matière. Elle est blanche, fond à 120° centigrades et contient de la céroléine et de la myricine (1).

Cire d'insecte, Coccus pé-la. — Quelques auteurs prétendent à tort que cette cire végétale est fournie par un insecte vivant sur le *Rhus succedanea* ; voici d'où vient l'erreur : Il existe en Chine, surtout dans cette province du Chêkiang, à Kia-hing-fu, une cire dite végétale, appelée en chinois *Pela* cire blanche, et qui est produite par un petit insecte le *Coccus pé-la* de Westwood ; cet insecte vit sur le *Ligustrum lucidum* ; or cet arbre porte en chinois le même nom que le *Rhus succedanea* : *Nü chên,* et l'on a pris l'un pour l'autre, sans s'être donné la peine d'approfondir le sujet. Le *Coccus pé-la* vit aussi sur le *Fraxinus sinensis* que l'on appelle par suite *Pé-la shu* " arbre à cire blanche ". Plusieurs auteurs ont parlé de cette cire et décrit vaguement l'insecte, mais c'est seulement l'année dernière que mon excellent ami le Père C. Rathouis S. J. a donné le dernier mot sur cette question, en publiant dans les " Mémoires concernant l'Histoire naturelle de l'Empire chinois ", cités plus haut, une très-bonne monographie modestement intitulée " Etude sur le Coccus pé-la ". Elle est accompagnée de deux grandes planches dues à son crayon d'artiste, donnant en 34 figures, dessinées au microscope, l'anatomie complète du mâle et de la femelle de ce petit puceron de la famille des Kermès, qui ne mesure que 6 à 7 dixièmes de millimètre.

Les missionnaires, les voyageurs et même les auteurs

(1) La Matière médicale chez les Chinois, par M. le Dr Soubeyran et M. Dabry de Thiersant.

scientifiques n'avaient pu jusqu'ici déterminer exactement les arbres sur lesquels vit cet insecte. Ainsi qu'il arrive si souvent en Chine, où la science botanique n'existe pour ainsi dire pas, on trouvait plusieurs arbres d'espèces et de variétés différentes désignés par le même nom. Aux questions des étrangers les gens du pays répondaient que la cire d'insecte se récoltait sur les arbres appelés *Nü chên* " vierge pure " ; or, ce nom vulgaire désigne le *Rhus succedanea* L., le *Cornus alba* L., le *Ligustrum Japonicum* Thunb., le *Ligustrum lucidum* Aiton, le *Fraxinus sinensis*. D'autres citaient le *Tong tsing* (*Ligustrum glabrum*), puis on confondait ces noms chinois ensemble, car ils varient avec les provinces, ou bien les pauvres paysans se contentaient d'appeler tous ces arbres *Pe-la shu* " arbres à cire blanche " en y ajoutant l'*Hibiscus syriacus*. C'était une confusion dont il était difficile de sortir ; ce qui rendait l'identification encore moins facile, c'est qu'il existe réellement deux arbres nourrissant l'insecte. Enfin mon savant ami se chargea d'élucider complètement cette question et grâce à ses minutieuses recherches et à celles du P. Heude, botaniste distingué, nous savons aujourd'hui que les insectes à cire vivent et se reproduisent spontanément sur le *Tong tsing* (*Ligustrum lucidum*) dont les feuilles sont persistantes en hiver (ainsi que l'indique son nom chinois signifiant littéralement « hiver-vert ») ; mais que les Chinois transportent les femelles et les cultivent sur le *Fraxinus sinensis* qui se reproduit facilement de boutures et par cette raison peut être multiplié plus aisément; mais ce dernier perdant ses feuilles à l'automne, les femelles n'y peuvent pas vivre. (1)

(1) Mémoires concernant l'Histoire naturelle de l'Empire Chi-

Le *Chung pe la*, mot-à-mot « cire blanche d'insecte » est un cérotate de céryl $C^{27} H^{53} O^{2}$, $C^{27} H^{55}$. Il fond à + 82°5 centigrades et est presque chimiquement pur. C'est une sécrétion de petits follicules situés au-dessus de l'enveloppe abdominale de l'insecte. En Juin, les frênes sur lesquels on élève l'insecte, ont leurs petites branches enveloppées d'une couche blanche de près d'un centimètre d'épaisseur. On purifie cette cire en la fondant dans l'eau bouillante, puis en la faisant passer à travers un linge ou un tamis (1).

Enfin on se sert aussi de cire d'abeille, dont il existe en Chine plusieurs espèces. Celles que j'ai vues dans les environs du port Nimrod et dans les îles Chusan appartiennent à une variété d'abeille beaucoup plus petite que la nôtre. Cette cire sert surtout aux femmes et aux tailleurs pour polir leur fil.

nois, par des pères de la Compagnie de Jésus, premier cahier, avec 12 planches. Shanghaï 1880, page 43.

(1) Pour plus de détails voir :

La matière médicale chez les Chinois, p. 75.

Contributions towards the materia medica and natural history of China by F. Porter Smith. London, Trübner and C°, 1871 § Insect Wax, p. 118.

Science papers chiefly pharmacological and botanical by Daniel Hanbury F. R. S., London 1878, p. 68.

CHAPITRE VI.

Bois de bambous, les limites, le *Citrus triptera*. — Culture de l'ortie de Chine, *Urtica nivea*. — Village de potiers, leurs procédés et leurs fours (la roue de potier, fabrication des grands vases, les fours). — Un enterrement. — Le houx et le gui des fêtes de Noël. — Le geai de la Chine à bec rouge. — Les oiseaux de la Chine mal représentés. — Briqueterie et tuilerie. — Culture des huîtres à Chang-shan. — Diverses variétés. — Culture des huîtres au Sud de la Chine. — Séchage des huîtres. — Sauce d'huîtres. — Emploi médical des huîtres. — Soins à donner aux parcs. — Remarques générales sur cette industrie. — Moules séchées.

Bois de bambous, les limites, le Citrus triptera. — En traversant un bois de bambous je remarque que tous sont marqués d'un nom et d'un numéro peint en noir sur le tronc; il en est de même des arbres à suif; une corde de paille nouée autour des arbres à feuilles caduques indique que le propriétaire se réserve la récolte des feuilles tombées. Quant aux propriétés, elles sont indiquées par des bornes de pierre placées aux angles et sur lesquelles on grave le nom de la famille suivi du mot *Chieh* limite; les cimetières même ne sont pas autrement protégés. Les jardins fruitiers sont mieux fermés et sur les haies qui les entourent on plante le citronnier à trois feuilles que l'on trouve sauvage dans le pays. Le *Citrus triptera* Desf., grâce à ses longues épines acérées, forme un obstacle infranchissable aux hommes et aux animaux ; ses fleurs sont peu odorantes et caduques comme les feuilles qui sont formées de trois folioles sur un même pétiole. Les fruits pubescents d'un vert noirâtre, à écorce très-épaisse ne sont pas mangeables, mais on les emploie en médecine.

En général, tout ce que les chinois ne peuvent manger, ils l'avalent comme médecine ; c'est ainsi que les poudres les plus inertes, souvent faites de pierres broyées, sont administrées comme médicament pour l'usage interne avec les substances les plus dégoûtantes et les plus abominables comme l'urine et les déjections alvines de l'homme et de certains animaux.

Culture de l'ortie de Chine. — J'aperçois pour la première fois plusieurs champs d'ortie de Chine que l'on cultive pour en faire le chanvre des filets, et que j'avais déjà trouvée poussant à l'état sauvage sur les murs de Ningpo et Chinhai, ainsi qu'à Chusan. L'*Urtica nivea* Lour. a le dessous des feuilles d'un beau blanc d'argent et de loin un champ de ces plantes a l'air d'être couvert de neige, d'où le nom d'ortie neigeuse donné à ce végétal.

Elle est aussi connue sous les noms scientifiques de *Boehmeria nivea*, Hook. et Arn. et d'*Urtica tenacissima*, Roxb. Dans le commerce sa fibre est appelée « china-grass »; on en compte au moins trois qualités. Cette plante, appelée *Choumâ* en chinois, est vivace et se sème une fois pour toutes, elle fournit ici trois coupes par an. On la propage généralement par boutures. Les tiges sont de la grosseur du doigt et mesurent environ trois pieds de hauteur au moment où je les examine ; elles doivent avoir atteint toute leur croissance, car elles sont couvertes de leurs petites fleurs en chatons. On les coupe près du sol et on extrait la fibre en les brisant à la main. Les fibres se trouvent en couches minces entre l'écorce et le canal médullaire qui tient presque toute l'épaisseur de la tige; elles diminuent de finesse à mesure qu'elles s'éloignent de l'écorce. Il n'y a pas de teillage mécanique, les ongles sont les seuls instruments employés et c'est par ce moyen long et pénible qu'on extrait la couche libérienne, qu'on sépare en bandelettes plus ou moins étroites suivant l'usage qu'on en veut faire. Ici, comme on ne les emploie qu'à la fabrique des filets, on se contente de lanières d'un millimètre de diamètre, mais dans le Sud on les désagrège fibre à fibre pour en tisser des étoffes dont la finesse approche de celle de la soie et qui sont d'une grande blancheur. Ces étoffes sont connues dans le commerce sous le nom de *China-grass-cloth*, ou simplement *Grass-cloth*.

On cultive aussi dans le Chêkiang pour leurs fibres textiles : le *Corchorus capsularis* ou jute, en chinois *Ching mâ* ; le *Sida tiliæfolia* Fisch. ou *Abutilon Avicennæ* et les *Cannabis sinensis* et *C. gigantea (Lo-mâ)*.

Village de potiers, leurs procédés et leurs fours. — En continuant ma promenade du côté de la ville de Hsiang-shan, je remarque sur le flanc d'une colline un long boudin rouge qui en escalade la pente et semble de loin l'ouvrage d'une taupe gigantesque. Attiré par la curiosité, j'abandonne la route et gagne à travers champs un curieux amas de grandes huttes, sans murs ni fenêtres, formées de hautes toitures, couvertes d'herbes des marais et ressemblant fort aux demeures des indiens de certaines îles de l'Océanie. Entre ces huttes, des amas de terre glaise et des quantités de pots de toute espèce, empilés en plein air, indiquent que je suis dans une colonie de potiers, dont la galerie couverte qui escalade la montagne est le four banal. Je pénètre sans façon dans les hangars où ces pauvres gens sont campés comme des bohémiens, au milieu de la terre et des pots qui composent tout l'ameublement. De grandes jarres, manquées à la cuisson, leur servent d'armoires pour loger leurs effets et leurs vivres, que l'on cuit dans des pots de terre sur des fourneaux de la même matière ; un peu plus et ils coucheraient dans un des vasques de leur fabrication et qui servent de barriques pour le vin de riz ou d'aquariums pour l'élevage des cyprins dorés. Le village compte une cinquantaine d'ouvriers vivant dans huit maisons.

La roue de potier. — La roue de potier se compose ici d'une sorte de lourde toupie en forme de champignon à dessus plat, faite de terre durcie maintenue sur charpente de bois. Cette lourde machine, qui pèse une cinquantaine de cattis, repose par son centre de gravité sur la pointe d'un pieu de bois dur fixé au fond d'un trou du diamètre du champignon, en sorte que la surface de la roue se trouve au niveau du sol de l'atelier. Une cage de bois, formée d'un entre-nœud de bambou, sert de pied au champignon et est traversée par le pieu. Ceci a pour but de maintenir la roue dans une position horizontale. A la surface supérieure près du bord, se trouve encastré un petit godet de porcelaine ; il sert à fixer l'extrémité d'un bâton au moyen duquel on imprime à l'appareil un rapide mouvement de rotation. Grâce au poids de la machine, ce mouvement se continue pendant plus de dix minutes sans apparence de ralentissement lorsque l'appareil est bien lancé. Le diamètre de la roue est de trois pieds et son épaisseur d'un pied.

Fabrication des grands vases. — Les grands vases et les cuves ne sont pas faits sur le tour. Ici l'homme renverse le procédé; au lieu de faire tourner le vase, c'est lui qui tourne à reculons autour d'un gros paquet de terre placé à la hauteur de la ceinture sur un piédestal et qu'il façonne des deux mains. Les vases amphores dans lesquels on conserve le vin sont faits en deux fois. D'abord la moitié inférieure qui est conique et a la forme d'un pot à fleurs, puis le haut que les chinois appellent les épaules du vase et le col. Pour façonner le fond, le potier place sur la colonne support un gros boudin de terre préparé par un aide, généralement un enfant. Il l'aplatit et le moule avec les mains et un morceau de bois dur servant de polissoir. Quand il a façonné un assez grand nombre de fonds, pour que les premiers soient devenus assez fermes en séchant, il les reprend par ordre, en amincit le bord supérieur et le graine intérieurement en le frappant entre un maillet de bois et un morceau de terre cuite fortement quadrillée. Ceci donne une surface chagrinée qui permet à la nouvelle application de terre de s'y souder plus intimement. Prenant alors de nouveaux boudins d'argile, l'ouvrier les soude bord à bord en les aplatissant entre les doigts et le pouce de la main gauche et en les polissant de la main droite. Puis il forme le col et le polit avec un linge mouillé, toujours en tournant à reculons autour de son ouvrage; le mouvement est tellement régulier et la main de l'ouvrier si sûre que les vases ainsi obtenus semblent faits au tour. Pour certains ouvrages, tels que théières, etc., on donne à la surface une apparence cannelée au moyen d'un petit cylindre rayé en terre cuite, emmanché au bout d'un bambou fendu et tournant comme une molette d'éperon autour de son axe.

Les fours.— Voilà tous les instruments décrits, voyons maintenant les fours. Il y en a deux, le premier et le plus grand est une longue galerie voûtée en briques, de près de vingt mètres de long sur trois de large et deux de haut, bâtie sur la pente rapide de la montagne, ce qui donne le tirant d'air suffisant et dispense de l'emploi de nos hautes cheminées inconnues en Chine. L'extrémité inférieure est abritée sous un hangar, c'est là que se trouve la chambre d'allumage. Dans la galerie, on dispose des deux côtés les pièces à cuire qui se composent généralemeut d'une centaine de grandes cuves ou *Kangs* suivies de près de quatre mille vases plus petits.

Des regards sont disposés tout du long de la voûte et permettent de juger de la cuisson. Il existe aussi une porte de décharge située vers le milieu. On commence le feu par en has, et on le continue activement dans la chambre de chauffe pendant toute la durée de l'opération qui demande quatre jours et quatre nuits. On se sert là de bûches de bois de pin, et on entretient aussi le feu dans la galerie où on jette des branches de pin par les regards qu'on ferme au fur et à mesure que la cuisson avance. On laisse refroidir pendant deux jours et deux nuits. Le second four est destiné aux petits objets, il ressemble à nos fours-à-chaux ou à porcelaine et on n'y entretient le feu que pendant qnarante-huit heures. Quand j'arrivai, on était en train de le défourner et je pus voir que bon nombre de pièces étaient fondues vers la porte inférieure du four et à peine cuites au sommet.

Mais la patience et un travail continuel suppléent aux défauts de la fabrication et la main-d'œuvre étant fort peu rémunérée, le combustible se trouvant en abondance dans les forêts de pins du pays, les plus grandes pièces peuvent être livrées à des prix qu'on considérerait en Europe comme étonnants de bon marché. D'immenses cuves dans lesquelles on pourrait aisément vider une barrique de vin ou prendre un bain, coûtent seulement 10 à 15 francs sur la place.

Un enterrement. — En sortant du village, j'assiste à l'enterrement de l'un des habitants. Un lourd cercueil formé de douze troncs de pin à peine équarris et frotté de vernis rouge, est suspendu à deux forts bambous reposant sur les épaules de huit vigoureux gaillards. Devant marchent deux enfants entièrement vêtus de blanc, la couleur de deuil, et portant chacun un bambou avec son feuillage garni d'une banderolle blanche sur laquelle se détachent quelques caractères chinois. Derrière le mort viennent les parents et les amis, tous en blanc, une corde de paille serrée autour de la ceinture et un sac de chanvre grossier mis en en capuchon sur la tête. Ces pauvres gens étant trop misérables pour se payer des pleureuses à gages, des prêtres de Boudha en robes jaunes et des musiciens, se sont contentés du modeste appareil que nous venons de décrire. Le cortège gravit silencieusement un étroit sentier et s'enfonce sous bois où je le suis. On dépose bientôt le cercueil à l'endroit fixé d'avance, par l'astrologue du pays, comme possédant les meilleures influences.

Le houx et le gui des fêtes de Noël. — Plus je m'avance dans le pays, plus le paysage devient enchanteur; grâce à la prédominence des essences à feuillage persistant sur les arbres à feuilles caduques, l'apparence de la campagne ne change guère avec les saisons. On ne remarque jamais ici en automne les riches colorations des feuilles de hêtre, arbre inconnu dans cette partie de la Chine. Seuls les arbres à suif et les arbres à vernis, *Rhus vernix*, changent de couleur et jettent une note plus élevée dans la verte harmonie des bois.

Un houx immense, couvert de ses fruits de corail, vient me rappeler l'Angleterre et sa joyeuse fête de Noël que nous allons bientôt fêter à Ningpo ; aussi, portant sur l'arbre une main furtive, j'en brise quelques-uns des plus beaux rameaux que j'emporte pour en orner au 25 Décembre la table et le salon du Dr Henderson, un brave médecin écossais qui me donne l'hospitalité ; des branches de gui récoltées sur les chênes des environs, lui rappelleront aussi certaines coûtumes aimables de sa vieille et brumeuse

Calédonie, et à moi les pommiers centenaires des champs de ma verte Normandie, sur les branches moussues desquels le *Viscum album* L. prospère au détriment des pommes à cidre. Fortune dit que le houx des environs de Ningpo est le même que le houx anglais. Il en existerait alors deux variétés, car l'arbre superbe dont je viens de parler, ainsi que tous les houx que j'ai rencontrés dans mon voyage, avaient des feuilles entières acuminées et appartenaient par suite à la variété connue dans le Nord de la Chine et au Japon: *Ilex integrifolia* ou *I. cornuta*.

Le geai de la Chine à bec rouge. — C'est ici que je rencontrai pour la première fois ce magnifique oiseau désigné par Buffon sous le nom de « Geai de la Chine à bec rouge », l'*Urocissa sinensis* de Gould et Swinhoe. Il y en avait là toute une bande peu farouche, car les chinois qui respectent généralement tous les oiseaux, ont une préférence marquée pour la famille des Corvidés, dont ils apprécient les services. Aussi, je pus suivre d'arbre en arbre ces délicieux oiseaux au bec et aux pattes de corail, aux ailes d'un beau bleu d'outremer, qui volaient gracieusement en relevant leur longue queue ondulante et d'un bleu lilas, bordée de noir et de blanc. Le cou et la poitrine sont d'un noir profond ; la tête est ornée de plumes d'un lilas très-pâle, le dos et les scapulaires sont d'un gris violacé, la poitrine et le ventre étant presque blancs. C'est certainement avec le *Tchitrea incei* Swinh., le plus charmant oiseau du pays. Ils sont si peu timides qu'ils me laissent approcher à vingt pas ; je regrette presque mon fusil laissé à bord ; mais il sont si beaux en liberté, leurs mouvements si doux et si gracieux, que ce serait un crime de tuer ces fleurs ailées pour en confier la peau à un naturaliste prosaïque qui, ne connaissant rien de leurs habitudes, n'arrivera jamais, quel que soit son art d'empailleur, qu'à produire une affreuse caricature de l'oiseau, tant il est difficile de comprendre et d'imiter la nature.

Les oiseaux chinois mal représentés. — De fait, nos oiseaux de Chine sont si peu connus que je ne les ai encore vus bien montés dans aucun muséum. L'attitude est le plus généralement fausse et contraire aux habitudes de l'oiseau. Les planches des livres qui les décrivent se ressentent forcément de cet état de choses et il est pénible pour le naturaliste observateur, qui a pu voir et étudier ces oiseaux en liberté, de les trouver ainsi caricaturés. Dans l'atlas du livre de l'abbé A. David « Les oiseaux de la Chine », le dessinateur, malgré tout son talent, n'a fait que copier ce qu'il a vu dans les vitrines du muséum de Paris.

Il arrive aussi qu'après la mort les couleurs des plumes changent en se ternissant, et par suite le coloris des planches est souvent défectueux. Puis une autre erreur est d'avoir peint les oiseaux sur des arbres qui n'existent point dans le pays ou sont même complétement imaginaires. N'eût-il pas mieux valu les percher sur les arbres dont ils mangent les graines, dans les arbustes où ils construisent leur nid ; de faire nager les oiseaux aquatiques entre les roseaux divers de la Chine, de faire marcher le Chirurgien *Hydrophasianus chirurgus* sur les plantes aquatiques où il fait la chasse aux petits mollusques, etc. L'ouvrage d'ornithologie où j'ai trouvé le plus d'art et d'exactitude pour la représentation des oiseaux de la Chine est le " Birds of India" de Gould, dont les planches in-folio sont vraiment merveilleuses de coloris et de détails. Elles peignent l'oiseau avec grâce sur les arbres ou les plantes du pays ; représentent le plus souvent les deux sexes et les jeunes, ce qui manque malheureusement dans l'ouvrage de l'abbé David. Il est vrai, et c'est là un obstacle formidable, que l'exécution d'un ouvrage aussi parfait que celui de Gould pour tous les oiseaux nouveaux de la Chine demanderait un temps et des sommes considérables.

Briqueterie et tuilerie. — En revenant de cette excursion aux environs de Hsiang-Shan, je m'arrête encore à visiter une briqueterie non loin du bord de la mer. Là, au moyen de procédés extrêmement simples, on fabrique toutes sortes de briques pour les murs et de tuiles pour les toits. — Les briques sont faites deux par deux dans un cadre de bois fendu dans le milieu de son épaisseur. Cette rainure permet d'introduire dans toute la longueur un fil de cuivre qui coupe le contenu en deux épaisseurs et forme ainsi les deux briques. Pour enlever la brique, dont le pourtour est souvent orné de dessins gravés dans le moule, on enlève une sorte de collier retenant en position deux côtés du cadre qui s'ouvre alors et abandonne les briques sur la table de travail.

Ce procédé n'est guère neuf bien qu'il diffère déjà du nôtre, mais celui qu'on emploie pour les tuiles est je crois essentiellement chinois. Les tuiles chinoises ont la forme d'un quart de tronc de cône. Voici la manière simple et expéditive par laquelle on les obtient. La terre bien battue est façonnée en un mur d'environ un pied d'épaisseur, placé derrière l'ouvrier qui a devant lui une table de tourneur, sorte de petit guéridon tournant sur son axe. Sur ce tour se trouve un moule en forme de tronc de cône, fait de réglettes de bois soigneusement serrées ensemble par quatre ficelles passant à l'intérieur. Ceci forme une surface flexible pouvant se rouler sur elle-même comme certains dessous de plats bien connus. Les deux baguettes extrêmes, suivant lesquelles il s'ouvre, sont prolongées et forment manche. Une chemise en toile se place sur ce tronc de cône où elle est retenue à la partie supérieure par une couronne en bambou tressé, formant cercle de barrique, et qui tient aussi l'appareil fermé. La base repose dans une rainure de la table du tourneur.

L'ouvrier passe dans le mur de glaise une sorte de couteau fait d'un fil de cuivre monté sur un cadre de telle façon qu'il enlève une plaque de terre d'épaisseur constante (1 centimètre). Cette plaque, d'environ 2 pieds de longueur, est posée sur la surface du moule dont la chemise a été légèrement saupoudrée de cendre pour empêcher l'adhérence. Là, on fait rejoindre les deux bouts qu'on soude par un léger pétrissage, on donne au tour un mouvement de rotation au moyen du genou et on polit la surface de la terre avec un morceau de bois dont la surface conique est une section de cône correspondant exactement à celle du moule et qu'on humecte pour faciliter le travail. Deux ou trois tours servent à donner l'épaisseur voulue ; la hauteur de la tuile est alors obtenue par une sorte de compas d'épaisseur fait d'une pointe placée en équerre sur un morceau de bois.

Celui-ci étant appliqué suivant une génératrice, la pointe coupe la terre formant aussi la limite supérieure de la tuile. On enlève la terre en trop ainsi détachée, puis saisissant le moule par le manche on le porte sur une aire plane où on dépose le tronc de cône de terre en roulant le moule en spirale et enlevant la toile. On a ainsi une sorte de pot-à-fleur sans fond à l'intérieur duquel on trace à la pointe quatre génératrices distantes de 90 degrés. Ces quatre rainures sont quelquefois obtenues dans le moulage même au moyen d'arêtes de bambou placées sur le moule. On laisse sécher la terre pendant quelques jours, puis en la frappant légèrement elle se divise aisément en quatre tuiles, grâce aux sillons ménagés dans l'épaisseur. On les entasse ensuite dans un four ovale où elles cuisent 24 heures avec les briques qui sont placées à la partie inférieure et plus près du combustible consistant en branches de pin.

Vers la fin de l'opération, on ferme la partie supérieure du four par une couche de terre sur laquelle on verse de l'eau. Cette eau descend à travers le contenu du four, éteint le feu et fixe dans les briques et les tuiles la fumée qui leur donne ainsi une couleur d'un gris bleu particulier. Il s'ensuit que toutes les maisons et leurs toitures sont d'un gris uniforme assez triste. La cuisson est mauvaise, briques et tuiles sont fort tendres et très-poreuses.

Ayant vu à peu près tout ce qu'il y avait à voir dans ces environs et usé en vain ma poudre sur une compagnie de pélicans hors portée, je mets de nouveau à la voile et perdant peu-à-peu la vue de la superbe montagne du *Ta-lei-shan* qui domine tout le fond de la baie des Méduses, je rentre dans le golfe de Nimrod. Là je trouve un bon vent d'Est qui enflant nos grandes voiles chinoises nous pousse rapidement. La crête des vagues est blanche d'écume et la barque roule assez pour rendre encore mes gens malades ; ceci est de la vraie navigation. Le soir, la mer est toute phosphorescente, ce qui m'étonne fort à cette époque avancée de l'année. Grâce au vent arrière que nous avons depuis Hsiang-shan, quitté à 2 heures de l'après-midi, à 9 heures du soir, nous jetons l'ancre au fond du golfe de Nimrod devant le village de Chang-shan " la longue montagne ".

Culture des huîtres à Chang-shan. — Le 22 Novembre, de grand matin, notre barque, bien qu'à trois milles de terre, se trouvait à un jet de pierre d'immenses plages de boue, s'étendant à perte de vue vers le Nord et le Sud.

Grâce au youyou (très-petite embarcation), je pus m'approcher à un mille du village en suivant l'étroit chenal qu'un ruisseau d'eau douce a creusé dans la boue et qui est indiqué à mer haute par d'immenses branches de pin ou de jeunes peupliers piqués sur le fond, et dont les rameaux sont couverts de balanes, moules et autres " *frutti di mare* ", comme les appellent les Italiens. Mais l'eau venant à nous manquer entièrement, il faut tirer l'embarcation sur la boue. Malheureusement en approchant de terre, le fond du petit ruisseau devient dur et formé de sable qui empêche le canot de glisser. Mon pilote m'offre alors son dos et c'est sur cette nouvelle monture que je parcours le dernier kilomètre.

Pendant cette curieuse traversée, j'ai pu examiner à loisir les huîtrières que je cherchais depuis mon départ de Ningpo. Elles s'étendent sur la vase molle tout le long de la côte et jusqu'à la limite extrême des basses mers, à plus de trois milles au large. Les propriétés sont limitées par de vastes fossés ou par de jeunes pins plantés aux angles des carrés. Le terrain est arrangé en longues séries de plates-bandes de boue que l'on obtient en creusant des tranchées parallèles, de deux à trois pieds de largeur sur un de profondeur, et en accumulant des deux côtés la boue qu'on en retire.

Ces tranchées sont destinées à drainer les plates-bandes pendant les basses mers et à exposer ainsi les huîtres à l'action de l'atmosphère, ce qui est d'une grande importance pour la santé de ces mollusques. Cela tend aussi à maintenir la boue plus ferme et par suite à empêcher les huîtres d'y disparaître trop rapidement. Dans les tranchées, la boue est si molle qu'on y enfonce jusqu'au genou.

Les collecteurs employés ici sont des pierres roulées

(grès et porphyres) de la grosseur de deux poings, ramassées dans les torrents des montagnes. Ces collecteurs étant lourds tendent sans cesse à s'enfoncer dans la boue, aussi faut-il les relever sans cesse. A marée basse, toute une population barbote dans les fossés. Chacun est armé d'une sorte de gaffe courte, crochet de fer emmanché au bout d'un bambou; au moyen de cet instrument on fouille dans la vase pour y rechercher les pierres qu'on saisit alors avec une pince formée d'un bambou fendu en deux et courbé au feu. On les lave dans l'eau du fossé puis on les replace soigneusement sur la plate-bande. Les pierres chargées d'huîtres sont placées régulièrement en longues lignes parallèles comme des plants de fraisiers. De loin on dirait de vastes champs de pommes de terre au moment de la récolte.

Quand on prépare ou renouvelle une huitrière, on dispose les pierres en petits tas de huit ou dix. Entre ces tas on dispose des pierres couvertes d'huîtres adultes ou ayant quatre ans d'âge. Ces dernières sont quelquefois simplement mêlées par moitié aux pierres des tas sur lesquelles le naissain se fixe bientôt. On éparpille alors les collecteurs sur les plates-bandes en veillant soigneusement à ce que ce soit toujours la même surface qui repose sur la boue. L'eau douce des torrents est amenée dans les parcs par de petits canaux. On laisse croître les huîtres pendant une période de quatre années, au terme desquelles elles sont considérées comme ayant atteint leur grandeur marchande.

Elles mesurent à cette époque de cinq à sept centimètres de longueur. On enlève alors les pierres chargées de ces huîtres et on transporte le tout au village, où les enfants et les femmes armés d'un maillet et d'un ciseau détachent les huîtres de la pierre ou bien les écalent au moyen d'une sorte de petite faucille en fer trempé de dix centimètres de long qu'on insère délicatement entre les deux valves près de la charnière dont on brise le nerf d'un tour de main. On jette l'huître arrachée à sa coquille dans un baquet plein d'eau de mer. C'est sous cette forme qu'elles sont vendues sur le marché. Quand on veut les transporter sur un marché lointain, on ne les ouvre pas, mais on les dépose dans des réservoirs ou parcs, que je remarque dans le voisinage immédiat des maisons. Les pierres, soigneusement débarrassées des vieilles coquilles, sont rangées en tas dans les cours et servent à nouveau ; quant aux coquilles vides elles sont mises de côté pour fabriquer de la chaux, le calcaire étant inconnu dans cette partie du pays.

Il paraîtra assez étonnant en Europe qu'on puisse ainsi cultiver des huîtres sur la boue, sans que les mollusques en souffrent. Mais il faut remarquer que bien que le fond soit boueux, les eaux sont fort claires et voici pourquoi : Un peu avant d'arriver au fond de la baie de Nimrod, le canal se rétrécit soudain, grâce à deux caps rocheux, les deux pointes Hewet et Hastings qui s'avancent à la rencontre l'une de l'autre, à la distance d'un peu moins d'un mille. Ce passage est aussi protégé par des îles, en sorte que le fond de la baie qui au-delà s'élargit soudain en un vaste lac marin de sept milles de longueur du Nord au Sud, est parfaitement protégé des vents et des vagues du golfe. D'ailleurs la boue est lourde et argileuse. Les huîtres qu'on appelle ici *Li wang* sont pêchées de la douzième à la cinquième lune, c'est-à-dire pendant l'hiver et le printemps.

Les Chinois, bien que cultivant l'huître de temps immémorial, n'ont que des idées très-confuses sur sa reproduction ; ils croient que toutes les huîtres sont du sexe mâle et peuvent cependant se reproduire sans la coopération de l'autre sexe dont ils nient l'existence (1). Ils croient aussi que dans le Nord toutes les huîtres ouvrent leurs valves du côté de l'Est, tandis qu'au Sud, c'est vers l'Ouest qu'elles se tournent. Quelques auteurs reconnaissent des huîtres mâles et des huîtres femelles, qu'ils distinguent, les uns, par cette orientation supposée des valves, les autres, par la forme de la coquille qui serait plus étroite chez les mâles (2). On reconnaît aussi de nombreuses espèces d'huîtres et M. Dabry de Thiersant, auquel nous empruntons ces détails, croit en avoir découvert quatre espèces dans la province de Kuantung, qui seraient inconnues en Europe. Pour ma part j'ai déjà décrit l'*Ostrea Talienwanensis* ou *Gigas* et j'ai recueilli à Ningpo, près des fours à chaux, d'énormes coquilles d'huîtres différant essentiellement de cette dernière. Elles sont rondes, mesurent quinze à vingt centimètres de diamètre, souvent irrégulières. Elles sont fortement concaves et la valve inférieure très-lourde, pesant quelquefois près d'un kilogramme, mesure cinq à six centimètres d'épaisseur. La charnière est large et épaisse, et le point d'attache du muscle abducteur des valves est marqué par une dépression profonde dans la valve inférieure. Je possède de nombreux échantillons de lithodomes (*Lithodomus dactylus*), d'une longueur de 5 1/2 centimètres que j'ai excavés de la coquille de ces huîtres où ils étaient enfoncés normalement à la surface. N'ayant malheureusement point retrouvé dans mes collections les échantillons

(1) On sait, depuis quelques années seulement, que les huîtres sont hermaphrodites.

(2) Voir : Ostricuiture in China, by M. Dabry de Thiersant, dans le China Rewiew, Vol. IV, p. 59.

que j'avais recueillis, je ne puis en donner une description plus exacte. Je crois avoir vu à Berlin une huître épaisse de l'Inde appelée *Ostrea crassa*, mais elle diffère de la nôtre par la forme et la couleur, et est loin d'atteindre l'épaisseur de celle que j'ai pu examiner à Ningpo et qui provenait des îles Chusan. Au cas où elle ne serait pas encore décrite, les noms d'*Ostrea crassissima* ou d'*Ostrea ponderosa* lui conviendraient parfaitement.

J'ai aussi reçu de *Hai-Yen*, un petit port du golfe de Hangchou, peu distant de Ningpo, de petites huîtres rondes à coquille verdâtre et mince et qui paraissent différer beaucoup des deux espèces précédemment décrites. Il est vrai que la forme et la couleur d'une même espèce d'huître changent étonnamment suivant la nature des eaux ou des fonds sur lesquels elles se fixent.

C'est ainsi qu'à Chefoo (Tchéfou sur les cartes françaises) j'ai pu constater que l'*Ostrea Talienwanensis*, lorsqu'elle se développe sur le fond des jonques, prend une forme ronde, aplatie et mince et une coloration plus violette. La valve inférieure reste mince et blanche, tandis que la supérieure devient la plus épaisse des deux, est feuilletée et d'une couleur violette. Sur les roches, les huîtres pressées les unes contre les autres, croissent en longueur, ne touchant souvent la pierre que par le talon qui devient épais et creusé; l'animal étant dans une position verticale se développe plus en boule. La coquille est des plus irrégulières et devient dans ces conditions très-difficile à identifier. C'est sur un fond de vase ferme que cette huître se développe le plus normalement et que ses caractères distinctifs sont le mieux accusés. (1)

(1) M. Debeaux dans sa Notice sur les Mollusques vivants observés dans le Nord de la Chine (Recueil des Mémoires de Mé-

Je possède aussi un échantillon fossile d'une huitre, venue du Japon et qui me paraît n'être autre chose que l'*Ostrea Talienwanensis*.

Culture des huîtres au Sud de la Chine. — La culture des huitres n'est pas conduite de la même façon sur toute la côte de Chine. Près d'Amoy et aussi je crois du côté de Foochow, on élève les huîtres sur des bambous piqués dans le sable ou la boue ; de là le nom de " Bamboo oysters " que l'on donne à ces huîtres sur les marchés de ces ports. Cette méthode est fort employée au Japon. Voici comment on pratique l'ostréiculture dans les provinces du Sud, sur la côte, aux environs de Canton. N'ayant pas visité ces parages, j'emprunte ces détails à M. Dabry de Thiersant qui les a publiés dans un court mémoire de quatre pages que l'on trouvera dans le " China Review, vol. IV, p. 38, 1875. "

« Voici les règles que l'on suit en Chine pour la préparation des huitrières. On cherche sur la côte un emplacement voisin des bancs d'huîtres naturels, s'il se peut à l'entrée d'une rivière dont l'estuaire est suffisamment ouvert à l'action des marées qui doivent, avec un courant convenable, renouveler l'eau autour des huîtres et, en se mélangeant aux eaux douces, créer le milieu saumâtre le plus profitable aux mollusques. Quant au fond, il doit être, autant que possible, sablonneux et argileux. Un terrain trop vaseux est dangereux pour les huîtres qu'un sol trop maigre empêche d'engraisser rapidement. Il est nécessaire qu'à marée basse il reste sur les huîtres une

decine, de Chimie et de Pharmacie militaires, Vol. VI, 1861, p. 481) confond cette huitre avec l'*Ostrea longirostris* Lamarck, qui se trouve aussi fossile dans les faluns tertiaires des environs de Bordeaux, et de Plaisance en Italie.

couche d'eau suffisante pour les protéger contre l'action des rayons d'un soleil trop ardent. Le parc artificiel doit être aussi abrité contre la violence des vents, surtout contre les typhons qui dévastent cette partie de la Chine.

« Quand on a choisi un emplacement convenable, on y jette, vers les mois de Mai ou de Juin, quelques pierres, tuiles ou débris de poterie, qu'on relève l'année suivante à pareille époque pour voir si le naissain s'est fixé à leur surface. Lorsque cette première expérience est satisfaisante, la construction du parc est décidée. En cas contraire, on cherche un autre endroit, ou bien l'on apporte des reproducteurs, c'est-à-dire des huîtres âgées de trois ou quatre ans, qu'on place soigneusement au milieu d'un grand nombre de collecteurs disposés d'après la direction des courants. Un an après on relève ces collecteurs pour les examiner.

« Presque toutes les huitrières se ressemblent, et quand l'expérience décisive a été favorable et que le choix du terrain a été reconnu bon, on nettoie la place et on y dispose les collecteurs définitifs. Ces collecteurs varient suivant les cas; si le fond est entièrement de sable et très-ferme, on emploie des tuiles. On fait aussi un grand usage de pierres assez larges, d'une forme rectangulaire et disposées régulièrement, à une certaine distance les unes des autres, formant ainsi une sorte de pavage. Près de Ningpo, dans la province du Chêkiang, j'ai vu un parc où les pierres, au lieu d'être placées directement sur le fond, étaient maçonnées sur un mur de deux pieds de haut assez solide pour résister à l'action des marées et des courants (1).

(1) Il est regrettable que M. Dabry de Thiersant n'ait pas indiqué d'une façon plus précise la localité où il a vu employer

« Dans les parcs de Heukang, en face de Macao, le fond est pavé de dalles de granit rectangulaires, placées à 10 ou 15 centimètres de distance les unes des autres et mesurant de 30 à 40 centimètres de longueur, de largeur et d'épaisseur. Avant d'employer ces pierres, grossièrement taillées, on les soumet à l'action du feu pour tuer tous les germes dangereux qui pourraient se trouver à la surface. Chaque mois on en relève quelques-unes pour en enlever la boue et les algues, puis on les remet en place. Dans les intervalles qui les séparent, quelques-uns des propriétaires jettent de vieilles coquilles d'huîtres. Le parc de Heukang mesure 490 (mètres ?) de long sur 200 de large, la hauteur moyenne de l'eau varie de une brasse à une brasse et demie, le fond est sablonneux et argileux.

« La direction des courants est du Nord au Sud. Au Sud se trouvent des banc d'huîtres naturels près de l'île Taipa. L'eau est saumâtre, grâce à la rivière de l'Ouest dont un bras vient du Sud-Ouest.

« Les huîtres de ce parc sont d'une belle grandeur. Quelques-unes sont vertes et épineuses. Les Chinois les distinguent sous les noms d'huîtres blanches et d'huîtres rouges ; parmi les blanches ils placent l'huître que nous avons appelée verte. Ces huîtres deviennent si grasses que la couleur et la forme de l'animal se modifient sensiblement après un certain temps. Lorsqu'elles sont ainsi engraissées, vers la troisième ou quatrième année, on les arrache des pierres sur lesquelles on en trouve généralement de trente à quarante. On les ouvre, puis on les

cette curieuse méthode que je n'ai rencontrée nulle part dans mes voyages aux environs de Ningpo et dont je n'ai jamais entendu parler.

sèche. Cette opération se pratique deux fois par an, en Avril et en Septembre, jamais en Mai, Juin, Juillet ou Août.

« Pour lever les pierres on se sert d'un instrument formé de deux longs bambous retenus par une corde. A leur extrémité sont fixées deux espèces de pinces en fer qui saisissent les pierres par dessous, sans briser les huîtres déposées à la partie supérieure.

« Les huîtres détachées des collecteurs sont ramassées dans de larges paniers, puis on les ouvre au moyen d'un instrument de fer dont une extrémité est terminée en crochet aigu tandis que l'autre forme ciseau. On replace ensuite les pierres dans le parc où l'on jette aussi une partie des coquilles tandis que le reste est employé pour faire de la chaux et de l'engrais. On place les huîtres écaillées sur une claie de bambou en les saupoudrant de sel et on les apporte ainsi dans un atelier où elles subissent les transformations suivantes.

« *Séchage des huîtres.* — On les place dans trois chaudières de fer maçonnées dans un fourneau de briques ; au-dessous de chaque chaudière est une porte de chauffe, permettant l'introduction du combustible. Ce fourneau mesure 1 mètre 20 centimètres de hauteur, sur 1 mètre de largeur et 2 m. de longueur. Un autre fourneau plus petit situé à proximité du premier, sert à préparer la sauce connue sous le nom de « sauce d'huîtres » *Hao Yeou*.

« Les huîtres sont soumises à l'ébullition pendant une demi-heure, retirées des bassines, puis séchées au soleil sur des claies de rotin, placées sur une cuve en briques de 2 mètres de longueur, 1 mètre de largeur et 33 centimètres de profondeur, dans laquelle on peut mettre du feu lorsque le temps est couvert. On considère que les huîtres sont suffisamment desséchées lorsque leur poids est réduit de moitié. Dans cet état on peut les conserver pour cinq ou six jours. Si on doit les garder plus longtemps, soit des mois, on les fait sécher sur un feu doux, pendant près de deux heures ou on les expose pendant deux jours aux rayons du soleil. Le poids est ainsi réduit au tiers et la forme primitive est entièrement changée. Elles ressemblent ainsi à un champignon desséché. La couleur, qui était d'abord d'un blanc laiteux, est devenue brune ; l'odeur est rance et légèrement putride.

« Les chinois mangent peu d'huîtres à l'état frais, ils prétendent qu'elles sont légèrement froides pour l'estomac. Suivant l'ouvrage *Sen tsao kang mou*, l'huître a un goût un peu doux et légèrement salé ; elle est dépourvue de principes dangereux et est regardée comme une excellente nourriture pour les gens affaiblis. Le même livre recommande de manger les huîtres cuites ; lorsqu'on les emploie crues, il est prudent d'ajouter au plat un peu de gingembre et de vinaigre. »

La consommation des huîtres sèches est très-considérable en Chine, Les prix varient suivant les années. En 1873-74 la première qualité se vendait au prix de 28 taels les 60 kilogrammes qui ne coûtaient plus que 22 taels pour la seconde qualité. Lorsque la récolte a été abondante, le prix de la première qualité tombe quelquefois à 19 taels. J'ai souvent essayé de manger de ce plat national mais j'ai dû y renoncer chaque fois à cause de l'odeur rance que rien ne peut atténuer et qui est sans doute produite par une fermentation de l'animal qui, comme chacun sait, se putréfie rapidement.

Sauce d'huîtres.— « La sauce d'huîtres *Hao Yeou* est vraiment bonne et pourrait être employée ailleurs qu'en Chine. Voici sa préparation : lorsqu'on a retiré les huîtres des trois chaudières où elles ont été bouillies, on verse leur eau dans une quatrième chaudière où on la fait réduire de moitié ; lorsque le produit de chacune des trois premières chaudières a été ainsi traité, on a une sauce noire dont le goût est très-apprécié des Chinois. Son prix est de 40 à 90 francs les 69 kilogrammes. Cette sauce est souvent falsifiée par l'addition d'eau de mer, de sel et de soye.

Emploi médical des huîtres.— « Les huîtres ne sont pas seulement pour les chinois une excellente nourriture, mais ils les considèrent aussi comme un agent thérapeutique de grande valeur. Il est dit dans le *Sen tsao kang mou* que si l'on place une huître avec sa coquille sur le feu on trouve en l'ouvrant une eau excellente pour adoucir la peau et enlever les taches de rousseur. Les coquilles qui, comme l'on sait, sont du carbonate de chaux, renfermant quelques sulfates et phosphates de la même base, sont aussi employées par les médecins chinois. On les enveloppe dans de l'argile et on les calcine ainsi sur le feu ou bien on les jette dans une bassine avec un peu d'eau et de sel. Lorsque la coquille est devenue d'une couleur rouge, on la réduit en poudre fine, appelée *Mao ly fen*, qu'on administre dans les cas de fièvre, de manque d'appétit, d'inflammation de la peau, de tumeurs et d'éruptions cutanées de toutes sortes.

« Les coquilles d'huîtres fossiles qui sont très-nombreuses dans certaines provinces, servent pour faire des murs ou de l'engrais.

Soins à donner aux parcs.— « L'ostréiculture donne en Chine les meilleurs résultats; par exemple, le propriétaire de l'établissement de Hong-Kong (Heu-Kang ?), se fait un profit moyen annuel de sept ou huit mille taels, déduction faite des frais d'exploitation, qui se montent à 1,900 ou

2,000 taels. Le nombre d'ouvriers employés est de huit, que l'on paie à raison de 3 taels chacun par mois (lunaire). Ils doivent veiller à maintenir la propreté des parcs, à en éloigner tous les ennemis des mollusques, tels que littorines, etc., que l'on trouve aussi en Europe. Mais, au dire des chinois (du Sud), les ennemis les plus redoutables des huîtres, sont une coquille et un poisson. La coquille est une sorte de *Purpura* appelée *Tchou mou lo* par les gens du pays, qui prétendent qu'elle est munie d'une glande spéciale sécrétant un liquide visqueux qui, lancé entre les valves entrouvertes de l'huître, la paralyse et la met ainsi à la merci de son ennemi. Le poisson que les pêcheurs appellent *Chang ying yü* (poisson à tête d'aigle), brise l'huître et en avale le contenu (1). Enfin, une herbe marine rouge, de la famille des Floridées, apparaît sur la côte à une certaine époque et détruit, dit-on, tout un parc d'huîtres en quelques jours, si on ne s'en débarrasse promptement. Mais ce que les propriétaires de parcs à huîtres craignent le plus, c'est une trop grande abondance de pluie qui, en diminuant la salure de l'eau, fait mourir une quantité considérable de mollusques.

« D'un autre côté, si la sécheresse est extrême, les huîtres souffrent, étant privées des infusoires dont elles font leur nourriture et dont le développement est favorisé par le mélange des eaux douces avec les eaux salées. Les

(1) Dans le Nord, à Tchéfou, j'ai souvent entendu dire aux pêcheurs que l'*Asterias rubens* commun dans ces parages, détruit quantité d'huîtres dont il suce la chair. J'y ai vu moi-même plusieurs variétés d'étoiles de mer manger dans mon aquarium, en quelques jours, de fort beaux spécimens de *Venus petechialis* en les entourant de leurs rayons, les étouffant, puis introduisant leur estomac dans la coquille.

chinois disent aussi qu'on doit faire attention à la salure de l'eau qui, selon eux, changerait avec les saisons.

Les perturbations atmosphériques, les orages violents, les typhons, ont une grande influence sur la culture des huîtres. Ainsi les causes de destruction sont nombreuses, et pourtant les ostréiculteurs chinois réussissent presque tous, et pour les encourager, le gouvernement les a exonérés de taxes.

Remarques générales sur cette industrie. — « Le bord de la mer, ainsi que les eaux jusqu'à une certaine distance appartiennent, en Chine, aux propriétaires riverains. Aussi, lorsque l'on veut construire un parc, l'on fait avec le propriétaire du terrain, un bail pour 10, 20 ou 30 ans.

« Le parc connu sous le nom de Ye-ly, mesure environ 2,000 mètres, et a été loué par une bonzerie à raison de 240 francs par an pour une période de trente ans. Il rapporte à son heureux propriétaire 28 à 30,000 francs chaque année. A l'expiration du bail, qui arrive cette année (1875), le prix de la location sera sans doute augmenté en proportion du rapport annuel.

« Ainsi que je l'ai déjà dit, les ostréiculteurs ne paient aucune taxe, mais ils doivent, au moment de la récolte, payer une certaine somme aux mandarins et magistrats du district, auxquels ils achètent la protection de leur propriété. »

Il est curieux de remarquer ici qu'en France cette industrie est née d'hier et progresse lentement, tandis qu'en Chine où elle est vieille de plusieurs milliers d'années, elle est une des ressources les plus précieuses de l'alimentation et enrichit de nombreux propriétaires qui ne procèdent que par des moyens simples à la vérité, mais basés sur une longue et patiente observation de la nature. Il est probable que, comme dans beaucoup d'autres branches des sciences, nous donnons beaucoup trop de temps à l'étude de la théorie et que nous négligeons la pratique. Nous connaissons toute l'embryogénie de l'huître et nous savons encore peu élever ce mollusque, tandis que les chinois y réussissent admirablement sans savoir même comment l'huître se reproduit !

A Ningpo, les huîtres du golfe de Nimrod se vendent avec la coquille 25 sapèques le catti et 56 sapèques sans la coquille. Mais ces prix varient avec les saisons et les circonstances. Comme goût et qualité, elles sont inférieures aux huîtres d'Europe. Ceci est dû sans doute à la nature des eaux qui sont loin d'être aussi salées que celles de nos côtes de France. Le fond de boue, l'absence complète d'herbes marines doivent aussi compter pour beaucoup dans cette infériorité, en réduisant le nombre des infusoires et diatomées qui donnent dit-on aux huîtres d'Ostende leur goût et leur couleur si estimés. Puis je n'ai jamais vu engraisser l'huître dans les parcs chinois par des moyens artificiels, bien que l'on m'ait assuré qu'en certains endroits on nourrit les huîtres avec de la farine.

Suivant les rapports du commissaire des douanes M. Bowra, « il est extrêmement difficile d'obtenir des chiffres certains sur le nombre d'hommes employés à la culture des huîtres dans le district de Ningpo. On dit que la consommation des huîtres, dans la ville de Fenghua et dans les villages des environs du port Nimrod, est très-considérable, mais la plus grande partie de la récolte annuelle est séchée et exportée. La distance des parcs à Ningpo, dont ils sont séparés par une haute chaîne de montagnes, fait monter les prix et limite la demande. Pendant le printemps et l'été, on abandonne les huîtres à elles-mêmes, et la population toute entière est occupée à la grande pêche (1). »

(1) Customs Trade Reports, 1869.

Je ne sais vraiment où M. Bowra a pris ses renseignements au sujet de l'exportation des huîtres sèches, je n'ai pu le découvrir, c'est peut-être dans les vieux livres chinois traitant des productions de la province.

Ce qu'il y a de certain, c'est que nulle part je n'ai entendu parler d'huîtres séchées dans ces parages, et les nombreuses informations que j'ai prises à ce sujet n'ont jamais amené qu'un résultat négatif, tous les Chinois que j'ai consultés m'ayant assuré que les huîtres séchées que l'on trouve à Ningpo y sont importées du Sud de la Chine. Il est aussi possible que l'on ait pris pour des huîtres séchées quelques-uns des autres mollusques, par exemple les moules séchées.

Moules séchées. — On trouve sur les rochers au large des îles Chusan de magnifiques moules (*Mytilus crassitesta* Lischke) mesurant souvent 12 à 15 centimètres de longueur. On les pêche à marée basse, ou bien on plonge pour s'en emparer. La moule est soigneusement extraite de sa coquille et séchée sur les rochers, où on l'expose aux rayons ardents du soleil d'été. On apporte ces moules sèches à Ningpo où on les vend sous le nom de *Tan tsaï*. On les conserve aussi quelquefois dans la saumure; les coquilles sont envoyées aux fours à chaux où j'en ai récolté de forts beaux échantillons. Ces moules ne semblent différer de l'espèce européenne (*Mytilus edulis*) que par leur taille remarquable. Il est curieux de remarquer que dans ces pays la plupart des coquilles appartiennent à des variétés tropicales et atteignent des dimensions inusitées. L'huître est gigantesque ainsi que la moule. Au Japon, l'haliotide suit la même proportion et l'*Awabi*, haliotide séchée que l'on trouve en quantité sur le marché de Ningpo, est produit par l'*Haliotis gigantea* du Japon.

Je crois cependant que toutes les moules séchées de

Ningpo ne sont pas produites par la même coquille. En examinant une quantité de ces mollusques, j'y ai trouvé les petites coquilles minces et d'un beau vert du *Mytilus viridis* ou *smaragdinus* Lam. de Singapoure, d'où elles viennent probablement, car je n'ai point trouvé cette moule vivante en Chine (1).

CHAPITRE VII.

Culture de l'*Arca granosa*. — Autres coquilles. — Le village de Chang-shan. — Fin de la navigation.— Passage d'une chaîne de montagnes. — Arbres curieux : *Evonymus Japonicus* ; Conifères de la Chine : *Cuninghamia sinensis* ; *Abies Kæmpferi*, *Cupressus funebris*, *Pinus sinensis* et *P. Massoniana*, etc. — Galles de Chine, *Rhus semi-alata*. — Vernis ds Ningpo. — *Elæococca verrucosa*. — Cupulifères. — Fruit du *Myrica rubra*. — Fleurs des montagnes : — Faune, *Felis tigris*, *Canis lupus*, etc. — Cervidés : *Hydropotes inermis*, *Cervus Michianus*, *C. Kopschi*, etc.

Culture de l'Arca granosa. — Les huîtres ne sont pas les seuls mollusques cultivées à Chang-shan. En me promenant aux environs du village, je remarquai près de la limite des hautes mers, juste contre les champs de riz, de vastes réservoirs, où l'eau n'arrive que dans les grandes marées, au moyen d'une ouverture faite dans un mur en terre et que l'on referme soigneusement lorsque le réservoir est plein. C'est dans ces parcs que l'on élève l'*Arca granosa* L., fort commune sur les marchés de

(1) Elle a pourtant été notée à Tchéfou avec le *Mytilus antiquorum* Lam. et le *M. testa-minuta*, par M. Debeaux. Voir Recueil de Mémoires de Médecine, de Chirurgie et de Pharmacie Militaire, 2e série, T. VI, 1861.

Ningpo et de Shanghaï où elle arrive dans de solides baquets de bois, étroits et profonds, fermés par un couvercle maintenu au moyen d'une barre transversale. La « graine » ou naissain ne vient pas de ce district, mais de celui de Tai-chou, où on l'achète vers le mois de Mars pour 40 sapèques la livre, d'environ 1,000 coquilles, de la grosseur d'un pois.

Chaque réservoir mesure près de 15 mètres de long sur 8 de large et reçoit environ 1,800 livres de jeunes *Han-tsze* ou *Haï-tsze*, comme on appelle ces coquilles. Ceci représente une valeur de 65 dollars pour un nombre de 1,800,000 jeunes coquelourdes. Le naissain est récolté directement sur la boue à Wang-hai et Tai-ping-yuan dans le district de Tai-Chou. La quantité déposée dans chaque réservoir varie naturellement avec la fortune du propriétaire. Le fond est de la boue dans laquelle les coquilles s'enfoncent à demi ; aussi doit-on avoir toujours au moins un pied d'eau dans les parcs, sans quoi les coquelourdes périraient par la grande chaleur en été, ou seraient gelées en hiver, bien qu'elles prennent alors la précaution de s'enfoncer un peu plus profondément dans la boue.

Les oiseaux de mer en détruisent un bon nombre. Au bout de deux ans, on considère que les coquilles ont acquis leur taille marchande ; trois d'entre elles doivent remplir la main. Elles valent alors 50 sapèques la livre, qui en comprend environ 40.

Dans ces parcs les pêcheurs élèvent aussi quelques poissons ; mais il faut éviter avec soin d'y introduire des raies et des tétrodons qui détruiraient beaucoup de coquilles. Les poissons sont pris au filet et déposés dans les réservoirs où ils croissent et engraissent, si toutefois une trop haute marée ne vient pas passer par dessus les digues et leur rendre la liberté. Les pêcheurs m'ont nommé deux espèces de poissons qu'ils élèvent ; ils les appellent *Wang* et *Tsang* ; malheureusement ils n'ont pu me les montrer et je ne puis dire quels sont ces poissons.

Un propriétaire aisé possède souvent jusqu'à huit ou dix de ces réservoirs. Dans les bonnes années, il peut faire un bénéfice se montant au double de la dépense première. C'est-à-dire que s'il a dépensé 36 dollars pour ensemencer un parc, il vendra sa récolte pour 72 dollars. Les dépenses d'entretien se montent à fort peu de chose, une fois les digues bien établies ; la construction des digues et des écluses se monte à environ 12 dollars. Les coquilles sont récoltées à la main ; j'en ai vu ramasser ainsi de grandes quantités ; elles paraissaient toutes saines. J'ai constaté dans les parcs la présence des Nérites (*Nerita pica* ?) qui, je pense, doivent détruire quelques-unes des coquilles. Quand aux herbes marines, je n'y en ai trouvé aucune. — C'est sur cette plage que l'on récolte le naissain des Novaculines, qui y est apporté par la mer, vers la deuxième lune de l'année (Mars). La coquille adulte ne s'y trouve point, du moins c'est ce que disent les pêcheurs, et la preuve qu'ils avancent, c'est qu'on ne peut voir nulle part, sur la boue, les trous qui annoncent la présence de ces coquilles. La récolte des jeunes *Ching-tsze* est un revenu pour ce village, qui en avait vendu cette année là (1879), près de 300 cattis au prix moyen de 140 à 150 sapèques le catti. Les enfants ramassent aussi sur les rochers les herbes marines dont nous avons parlé dans un des chapitres précédents. L'*Arca granosa* se trouve aussi à Shanghaï, à Chefoo et à Taku dans le Nord de la Chine, où j'en ai ramassé de fort beaux spécimens, mais on ne l'y cultive pas que je sache

Autres coquilles. — On trouve encore dans les environs de Chang-shan, les coquilles suivantes : *Venus petechialis* Lam., *Mya arenaria* L., *Cytherea Lamarckii* ou *C. petechialis* L., *Cyrena Largillerti* Phil., *Cyclina sinensis* Chemnitz, *Tapes semidecussatus* , *Mactra sulcatoria*, *Soletellina olivacea*, *Anatina (subrostrata?)* ; dans les eaux douces, *Paludina quadrata* Benson et de nombreuses variétés de Corbicules encore non décrites. La Chine est extrêmement riche en coquilles de ce genre, et le P. Heudes en possède une immense collection qu'il est en train de nommer ; le nombre d'espèces nouvelles sera considérable. Dans les eaux saumâtres, on trouve aussi le *Pinna Japonica* Hanley, dont le bord des valves, au lieu d'être mince et arrondi comme dans les autres espèces, est droit et épais. Les habitants du pays m'ont assuré que cette belle coquille, qui atteint souvent 30 centimètres de longueur, se trouve dans les rivières des environs et à une grande distance de la mer ; l'on m'en a apporté qui provenaient, paraît-il, de la rivière de *Feng-hua* où l'eau n'est plus saumâtre. Il serait assez curieux que ce mollusque marin vécût en Chine dans des eaux douces. Toutes les coquilles que nous venons de nommer se mangent bouillies dans l'eau. J'ai aussi ramassé là quelques oursins, mais je n'ai pu en déterminer l'espèce.

Le village de Chang-shan. — Le village est propre et bien bâti et respire une certaine aisance. Les maisons sont solidement élevées sur un mur en pierres polygonales soigneusement cimentées et montant à la hauteur d'appui, le reste du mur jusqu'au toît est en briques grises. Les fenêtres sont ornées de grillages faits en bois ou même en pierres découpées à jour. Il y a quelquefois deux étages. Au-dessous du toit le mur est orné d'un large cordon peint à fresque et représentant des fleurs, des fruits ou des oiseaux, le tout encadré de lignes blanches et noires formant souvent une grecque gracieuse. Les pignons sont ornés d'un tableau de fleurs, quelquefois remplacées par le dragon emblématique ou de grands caractères chinois. Ces pignons se terminent par une sorte de cheminée recouverte d'un petit toit à faîtage recourbé et terminé en pointes s'élançant vers le ciel. Au-dessous se trouvent quelques lettres chinoises indiquant le nom du village et celui du propriétaire.

Je remarquai aussi des espèces de cités ouvrières formées de petites maisons bâties sur un style uniforme autour d'une cour. Au centre de cette cour, un hangar renferme les instruments de pêche ou les machines aratoires, appartenant à la colonie. Les maisons avaient toutes un étage et une véranda. La devanture du rez-de-chaussée était fermée par des panneaux mobiles en bois sculpté et peint.

Les gens de *Chang-Shan* me parurent polis et affables; je pus visiter sans peine plusieurs maisons et en prendre le dessin sans être ennuyé par la foule. Pour rentrer à bord, je louai une chaise à porteurs formée d'un fauteuil en bambou monté sur deux longs brancards et recouvert de cotonnade bleue, tendue sur des cerceaux et formant tente. C'est dans cet appareil, sur les épaules de deux solides pêcheurs, que je fus porté sur la boue jusqu'à mon bateau.

Fin de la navigation. — La marée nous ayant remis à flot, nous mettons à la voile pour le village de *Si-Wang* au Nord, où nous arrivons après quelques heures d'une charmante navigation. Là nous trouvons une jonque de guerre qui rentre du large où elle a accompagné toute une flottille de bateaux pêcheurs, maintenant tirés à sec sur le sable de la plage pour leur station d'hiver. C'est ici que se termine ma navigation, car le vent nous étant contraire, je trouve inutile de refaire lentement la même route en louvoyant sans cesse. Je débarque donc avec un de mes matelots et un domestique, prends avec moi quelques provisions et charge mon pilote de ramener le Yung à Ningpo.

Passage d'une chaîne de montagnes.— Le 23 Novembre à 8 h. du matin, ayant loué deux chaises à porteurs de l'espèce dejà décrite et quelques coulies pour porter, je pars pour Ningpo. A peine sortis du village de *Si Wang*, nous escaladons une haute chaîne de montagnes en suivant, sur un sentier pavé, le cours d'une rivière qui passe peu-à-peu au torrent, puis au simple ruisseau. Le chemin est des plus pittoresques, nous traversons souvent le torrent sur de solides ponts de granit, çà et là nous passons près de moulins à riz et nous jouirions d'une vue splendide si le temps était beau. Malheureusement il pleut, à droite et à gauche l'eau tombe en cascades des montagnes, dont la crète est couronnée par une brume épaisse.

Arbres curieux. — Les pentes sont boisées et couvertes de pins et de bambous sur le vert desquels se détachent les feuilles rouges des arbres à suif, des érables et des liquidambars. C'est ici que j'aperçois cet arbre pour la première fois. Il appartient à une espèce essentiellement chinoise : le *Liquidambar formosana* de Hance. Les Chinois le confondent avec l'érable, *Acer trifidum* Thunbg., sous le nom de *Fêng-shu*. Dans les cimetières, on a laissé les pins atteindre toute leur taille sans les ébrancher ; sur leurs troncs couverts de mousse la vigne vierge étale ses feuilles rouges, qu'elle mêle aux feuilles petites, vertes et persistantes du figuier rampant, *Ficus repens*.

L'Evonymus Japonicus. — L'*Evonymus Japonicus* Thunbg. atteint dans ces montagnes des proportions telles que j'en ai vu dont le tronc mesurait plus de trente centimètres de diamètre. Ce bois fin et sans grain est fort employé par les ouvriers sculpteurs de Ningpo qui s'en servent pour confectionner des cadres, des coffrets et de petites figurines travaillées avec un art et un patience remarquables. Ces articles connus sur la côte sous le nom de " Ningpo wood-carvings " jouissent auprès des étrangers d'une faveur bien méritée. Jusqu'ici on ne savait point à quel arbre rapporter le bois jaunâtre et doux dont ces articles sont faits. C'est sur une lettre écrite par le célèbre botaniste Hooker à mon ami Mr. W.-R. Cooper, le consul anglais de Ningpo, et que celui-ci me communiqua l'année dernière, que je me mis à la recherche de l'arbre, que je trouvai aussi dans les environs de Shanghaï. Un tronc d'*Evonymus Japonicus* d'une longueur de 2 mètres sur une épaisseur de 20 à 25 centimètres se vend environ 10 francs aux sculpteurs de Ningpo, dont plusieurs sont aussi venus s'établir à Shanghaï, sur la concession américaine. Le nom chinois de cet arbre est *Tu-chung*, à Ningpo *Pai-cho*.

Conifères de la Chine. Cuninghamia sinensis. — C'est aussi dans ces montagnes que j'admirai pour la première fois le seul sapin que j'aie vu en Chine, le *Cuninghamia sinensis* Rich. qui fut découvert dans cette province par Cuningham et a reçu le nom de *Abies lanceolata* Poir., *Pinus lanceolata* Lamb., *Cuninghamia lanceolata* Lamb., *Belis lanceolata* Sweet., *Araucaria sinensis* Hort. C'est un arbre de moyenne grandeur, à feuilles lancéolées, linéaires, ressemblant beaucoup à un Araucaria, surtout à l'*Araucaria brasiliensis* Rich. Il fournit un bois blanc et léger, très-employé par les habitants du pays sous le nom de *Shan mu*, bois de *Shan* le nom chinois de cette charmante conifère. Il en existe une variété glauque.

La famille des conifères compte encore sur ces montagnes, comme à Chusan, plusieurs représentants fort intéressants. J'y ai vu entre autres le *Cryptomeria Japonica* Don., = *Cupressus Japonica* L., = *Taxodium Japonicum* Brong., formant de magnifiques allées à l'entrée des temples. Cet arbre rappelle assez les Araucaria du sousgenre *Eutacka*.

Abies Kœmpferi. — Sur les sommets élevés à 1000 et 1200 pieds au-dessus du niveau de la mer, j'ai pu admirer dans la forêt un arbre particulier à la Chine et qu'on dit inconnu à l'état sauvage (1). Le sapin de Kæmpfer, *Abies Kœmpferi* Lindl., aussi connu sous le nom de *Larix Kœmpferi* Carr. Fortune, *Pseudolarix Kœmpferi* Gord. Il a les feuilles caduques comme les mélèzes, mais beaucoup plus larges et argentées en dessous. En vain j'ai cherché ses cônes, même sous de vigoureux individus mesurant plus de 10 mètres de hauteur. Je commençais à douter qu'il fructifiât dans cet endroit lorsque j'appris que les cônes sont à écailles caduques. Ce bel arbre pousse parfaitement droit avec des rameaux se relevant vers le sommet; j'en ai vu dont le tronc mesurait plus de 40 centimètres de diamètre et il en existe de plus de 40 mètres de haut. Son nom chinois est *Chin-sung* (sapin doré) ou *Chin-li-sung*. Il fut découvert par Fortune en 1854.

Cupressus funebris. — Enfin, à l'entrée de quelques cimetières, on trouve le *Cupressus funebris* Endl., ou *C. pendula* Staunt., découvert dans cette province du

(1) Voir Bon Jardinier, almanach horticole pour l'année 1874, Plantes et arbres d'ornement, p. 708.

Chèkiang en 1849 par Robert Fortune. Ce curieux cyprès, affectant le port du saule pleureur, a des branches minces, longues et pendantes. Il est rare, et je ne l'ai revu qu'une seule fois dans un cimetière aux environs de Shanghaï. Le professeur Lindley le considère comme une acquisition du plus haut intérêt. « On peut le décrire comme un arbre ressemblant par la croissance au saule pleureur avec le feuillage du genévrier (*Juniperus sabina*), mais d'un vert plus clair. Ce n'est pourtant pas un genévrier, mais un véritable cyprès. On a regretté depuis longtemps que le cyprès d'Italie ne puisse s'acclimater en Angleterre et nous avons dû renoncer à en orner nos cimetières; mais nous avons maintenant dans le *Cupressus funebris* un arbre plus beau et encore mieux adapté à cette fin (1) ». Cette description est accompagnée d'une figure prétendant le représenter, mais si mal dessinée que l'on pourrait aisément y reconnaître toute autre espèce d'arbre.

Pinus sinensis et *P. Massoniana*, etc. — Partout l'on trouve le pin chinois, *Pinus sinensis* Lamb. = *P. Nepalensis* Forb. = *P. Cavendishiana* Hort., en chinois *Pai-sung* (pin blanc), qui atteint ici une taille superbe et couronne les sommets de ces montagnes; on l'a souvent confondu avec le *P. Massoniana* Siebold non Lamb., en chinois *Hei-sung* (pin noir), qui est aussi une espèce chinoise, mais plus rare et du Nord de la Chine, ne descendant jamais aussi bas que le *P. Sinensis* que l'on trouve encore en quantité jusqu'à Hong-Kong avec le Caninghamia qui y est plus rare. Ce sont du reste les deux seules conifères de cette île. Le *P. Massoniana* se trouve

(1) Visit to the tea districts of China and India by Robert Fortune, p. 54, aussi : Gardener's chronicle, 1849, p. 243.

dans les montagnes aux environs de Péking, où Bunge découvrit aussi le pin remarquable et fort rare qui porte son nom : *Pinus Bungeana* Zucc., à écorce blanche argentée se détachant en filaments soyeux (1).

Il y a encore le pin découvert par Fortune : *Picea Fortunei* Murr. = *Pinus Fortunei* Parlat. = *Abies Fortunei* Lindl. = *A. jezoensis* Lindl., et dont on a fait un genre à part sous le nom de *Keteeleria Fortunei* Carr., mais je ne l'ai point rencontré. En 1872, M. l'abbé A. David a découvert dans la chaîne du Lao.-Ling, province du Chensi, trois nouvelles espèces de sapins dont l'un est à feuilles d'if; il l'appelle *Abies thié-sha* ; l'autre a des feuilles aciculaires d'un vert glauque et le troisième fort rare a des feuilles piquantes et très-minces (2). Il cite aussi un pin nouveau de cette région, auquel il donne le nom de *Pinus quinquefolia*. Cet arbre élégant, haut et droit, possède une écorce lisse et verte et les feuilles sont réunies en paquets de 5 ou de 3.

Dans les cimetières et près des maisons, je note en passant: le *Thuya orientalis* L. = *Biota orientalis* Endl. = *Platycladus stricta* Spach.; puis le *Thuya lineata* Poir. = *T. pensilis* Staunt. = *Glyptostrobus heterophyllus* Endl. Dans les jardins on cultive le *Juniperus chinensis* L., que l'on confondrait facilement avec le *J. Sabina* dont il a les feuilles, mais çà et là on rencontre des pousses portant les feuilles du *J. communis*, de sorte que l'on dirait que les deux arbres sont greffés l'un sur l'autre. Le *Juniperus*

(1) Le Bulletin de la Société centrale d'horticulture de Nancy, nº 4, Juillet-Août 1880, dit que ce pin est cultivé dans l'île de Chusan, graines envoyées au Muséum en 1860 par E. Simon, consul en Chine; parfaitement rustique à Nancy.

(2) Journal de mon troisième voyage d'exploration dans l'Empire Chinois, par M. l'abbé A. David, vol. I, p. 183.

excelsa Madd. = *Juniperus religiosa* Royle, de Péking, est aussi cultivé dans le pays, ainsi que le *J. sphærica* Lindl., qui est aussi une espèce de la Chine boréale et porte les noms de *J. Fortunei* Hort., *J. Sinensis* Aliq. Hort. On cultive encore le *Thuyopsis lætevirens* Lindl.

Enfin au pied de ces montagnes le long des canaux, j'ai pu ramasser quelques échantillons du *Cephalotaxus Fortunei* Hook. récemment introduit en France et qui remplace en Chine notre If d'Europe. On trouve sur le marché de Ningpo les noix d'une autre conifère taxiforme qui pousse aussi dans la province du Chêkiang, c'est le *Torreya nucifera* S. et Z. = *Taxus nucifera* Kæmpf. =*Podocarpus Coreana* Hort., probablement importé du Japon, tandis que le *Torreya grandis* Fortune= *Cariotaxus grandis* Hook. est une espèce chinoise du Nord de l'Empire. La ville de *Kin-Hua* dans cette province fournit une grande quantité de ses noix oblongues, lisses et pointues par un bout, arrondies à l'autre; elles sont très-employées dans la pharmacie chinoise comme anthelminthiques et laxatives. On les mange aussi en guise de noisettes, elles entrent dans les présents de noces. Au Japon on en retire une huile employée dans la cuisine. Leur nom chinois est *Fei-Shih*. A Ningpo l'on vend une farine dite farine de pin et qui est sans doute obtenue avec ces noix. On s'en sert pour faire des gâteaux et de la médecine ; elle vaut 2 dollars le picul.

Les noix du *Salisburya adiantifolia* ou *Gincko biloba,* une autre conifère citée plus haut, sont aussi employées en médecine pour dissiper les phlegmes et arrêter les vomissements. Suivant le docteur Schwarzenback, elles renferment de la gomme, du glucose, de l'acide citrique, de la chlorophylle et un acide gras cristallisable, l'acide ginckoïque (1).

La racine du *Taxus cuspidata* Sieb. et Zucc., en chinois *Shui-sung*, formée d'un bois très-léger, sert dans le Sud à faire des bouées que l'on taille en forme de gourde. et que la population des bateaux attache sur le dos des petits enfants auxquels elle fournit une sorte de flotteur remplaçant la ceinture de sauvetage, en cas d'immersion.

Nous terminerons ici cette nomenclature qui renferme à peu près toutes les conifères aujourd'hui connues en Chine.

Juglandées. — Mais les conifères ne sont pas les seules espèces remarquables de ce district. Au bord des torrents qui coulent des deux côtés de la chaîne de montagnes que nous gravissons, et qui sépare le golfe Nimrod du versant de Ningpo, croissent de nombreux *Pterocarya Sinensis* Hort. = *Pterocarya stenoptera* Cass. D. C. = *P. Japonica* Hort. = *P. lævigata* Hort. Ils sont minés dans leurs racines, ils s'inclinent sur l'onde et semblent vouloir la protéger contre les rayons trop ardents du soleil, hélas absent. Cet arbre de la famille des Juglandées, a de longues feuilles pennées, dont l'odeur rappelle celle du noyer ; ces fruits petits et durs, sont munis de longues ailes et étagés sur un long épi pendant qui atteint souvent vingt centimètres de longueur. — Plus modeste et plus rare est le *Platycarya strobilacea* Sieb. et Zucc., de la même famille, mais d'un port tout différent; il ressemble au sumac et les fruits sont dressés au

(1) La matière médicale chez les Chinois, p. 136.

D'après le Bulletin de la Société d'horticulture de Nancy cité plus haut, il n'a pas été encore rencontré à l'état spontané, il en existe en Chine des individus âgés de 4,000 ans ! Introduit en France en 1754, sous le nom d'arbre aux quarante écus.

bout des rameaux et ressemblent un peu à ceux de l'aulne ou encore mieux à ceux du chardon à foulon. Les chinois les récoltent soigneusement et ils s'en servent pour tanner les peaux et aussi pour la teinture. Dans certaines localités, il s'en fait un commerce très-considérable. Cet arbre aussi connu comme *Platycarya Japonica* Zucc. porte encore le nom de *Fortunea Chinensis* Lindl. — Le *Juglans regia* se trouve aussi dans le pays.

Galles de Chine. — La famille des Anacardiacées est représentée par plusieurs variétés de Sumac ; plusieurs sont en fruits et portent encore quelques feuilles auxquelles l'automne donne des teintes rouges superbes. Je puis ainsi reconnaître le *Rhus semi-alata* Murr., en chinois *Yen-fu-shu*. C'est sur cet arbre que l'on récolte dans cette province les Galles de Chine, en chinois *Wu-pei-tsze*, fort employées en teinture et formant un article d'exportation considérable. Ces galles sont produites sur les feuilles du *Rhus semi-alata* Murr., var *Osbeckii*, par la piqûre d'un petit insecte l'*Aphis sinensis*. Ces galles sont de formes variées, jaunâtres et translucides et paraissent formées d'une sorte de résine ; la cassure est brillante. Elles contiennent une forte proportion de tannin, aussi sont-elles fort employées par les teinturiers et les tanneurs. Elles servent aussi en médecine, les chinois leur attribuant des propriétés expectorantes et astringentes. Le *Rhus semi-alata* ainsi que le *Rhus vernicifera* D.C. fournissent aussi la laque ou vernis de la Chine que l'on obtient au moyen d'incisions faites dans le tronc.

Vernis de Ningpo. Elæococca verrucosa.— Il ne faudrait pas confondre ce vernis avec celui que l'on emploie à Ningpo, ce qui lui a fait donner sur toute la côte de la Chine les noms de " Ningpo varnish " ou " Wood oil ".

et qui n'est autre que l'huile très-siccative de l'*Elæococca vernicia*, un arbre que j'ai trouvé cultivé en abondance dans les montagnes des environs de Ningpo et qui était en fruits au moment de mon voyage.

L'*Elæococca vernicia*, aussi connu sous les noms d'*E. verrucosa, verniciflua, oleifera*, n'est autre que le *Dryandra cordata* Thnbg., comme l'arbre-à-suif il appartient à la famille des Euphorbiacées. On l'a souvent confondu avec le Jatropha.

Le long des torrents croissent de nombreux aulnes ressemblant assez à l'espèce européenne, mais qui sont pourtant une variété chinoise, d'où leur nom : *Alnus sinensis*.

Cupulifères. — Les Cupulifères comptent aussi dans ces montagnes plusieurs espèces remarquables. J'en ai remarqué au moins trois dans lesquelles j'ai cru reconnaître le *Quercus dentata* Thunbg., le *Q. mongolica* Fisch., le *Q. chinensis* Bunge, auxquels il faudrait peut-être ajouter le *Q. serrata* Thunbg. = *Q. bombyx glabra* Hort.; le *Q. glabra* Thunbg.; quant au *Q. glauca* Thunbg., j'ai pu le déterminer sûrement en le comparant à l'excellente gravure des " *Icones selectæ plantarum* " de Kæmpfer.

Les environs de Ningpo produisent aussi plusieurs espèces de châtaignes (*Castanea vesca* Gærtn., *Castanea crenata* Sieb. et Zuc., *Castanea chinensis* Spreng.), dont l'une est fort petite. On les vend dans les rues bouillies dans l'eau ou rôties d'une façon toute spéciale. On les place dans un vaste chaudron de fer avec du sable à gros grain ou de la grenaille de fonte ; on remue le tout à la pelle en faisant sous le chaudron un feu clair de bois de pin.

Quant au hêtre, je ne l'ai encore jamais vu en Chine, pas plus que le *Corylus*. Ils existent cependant dans le Nord du côté de la Mandchourie et de la Mongolie (*Corylus heterophylla* Fisch., *C. Mandschurica* Max.).

Fruit du Myrica rubra. — Vers le sommet des montagnes, je dus m'arrêter dans une petite auberge pour y prendre le repas de midi, servi moitié avec mes provisions, moitié avec ce que je trouvai dans cette pauvre taverne. On me donna entre autres produits du pays un fruit curieux de la grosseur d'une prune, mais à peau granuleuse, rouge foncé et ayant toute l'apparence externe d'une grosse arbouse. Je ne l'avais vu nulle part ailleurs et ne savais à quel arbre il devait appartenir. La plupart des étrangers de la côte le confondent avec l'arbouse dont il est cependant facile de le distinguer. Il possède en effet un noyau fort dur et strié ; la chair est d'un rouge de sang et formée de fibres creuses contenant le jus et rayonnant du centre à la surface. Le goût diffère aussi, la saveur en est aigre-douce et fort agréable. Les feuilles ressemblent fort à celles de l'arbousier, *Arbutus unedo* L. et aident ainsi à la confusion. Le nom chinois de cet arbre cultivé à Chusan, est *Yang-mei-shu*, prunier étranger, c'est qu'en effet il fut introduit du Japon. Le fruit est appelé *Yang-mei*, prune étrangère, ce qui est aussi le nom de l'arbouse. Les noms ne me servant à rien, je dus chercher ailleurs et je découvris enfin que le Yang-mei des Chusan est le fruit d'un arbre de la famille des Myricacées (Amentacées), le *Myrica rubra* Sieb. et Zucc., voisin du *Myrica sapida* Wall. de l'Inde (Nepaul).

Fleurs des montagnes. — Bien que la saison fût fort avancée, j'eus encore le plaisir de trouver en fleurs dans les gorges abritées de ces montagnes quelques plantes intéressantes. Le *Rhododendron dahuricum* L. commençait à ouvrir ses boutons, et un peu plus tard vers Noël, j'en trouvai beaucoup entièrement épanouis, sans une feuille, car elles sont caduques. — Malheureusement je n'eus point le plaisir de parcourir ce pays au printemps, alors que toutes ces montagnes sont couvertes des fleurs roses, violettes et carmin des *Azalea indica* L., *A. Sinensis* Lodd., *A. macrantha* Bge., mélangées aux grandes corolles jaunes de l'*Azalea pontica* Lam. et embaumées par la suave odeur du *Gardenia radicans* Thunbg., et de la Glycine à fleurs violettes ou blanches (*Wistaria sinensis* L., *Wistaria japonica*). Cependant l'hiver n'est pas entièrement dépourvu de fleurs odorantes et j'ai brisé souvent en Décembre les belles branches couvertes de fleurs du *La-mei-hua*, le prunier aux fleurs de cire. C'est qu'en effet, les fleurs du *Chimonanthus fragrans* Lindl. ont l'air d'être faites de cire jaune ; elles sont rougeâtres en dedans et ont une odeur de jacinthe des plus suaves. Elles apparaissent avant les feuilles. Cet arbrisseau, aussi appelé *Meratia fragrans* Lois., *Calycanthus præcox* L. a plusieurs variétés; j'en ai rencontré deux, l'une à grandes corolles, l'autre à fleurs petites et moins durables. Les chinois en coupent les branches alors qu'elles sont couvertes de boutons et les placent dans leurs appartements, piquées dans une belle potiche pleine d'eau, où ils ajoutent aussi une branche en fruits du *Nandina domestica*. Le bambou sacré *Tien-chu*, comme ils appellent cette plante toujours verte à grappes de fruits de corail, est ainsi nommé parce qu'il est surtout employé à l'époque du jour de l'an pour orner les autels des dieux. Aussi trouve-t-on toujours le Nandina cultivé dans les temples. Comme le Chimonanthus, cet arbrisseau est originaire du Japon, où il sert je crois aux mêmes usages qu'en Chine.

Vers le commencement du printemps on trouve encore en fleurs dans ces montagnes plusieurs variétés d'*Elæagnus* dont l'une produit des fruits comestibles, *Elæagnus edulis* Siebold. Les fleurs ont un doux parfum ; mais l'arbuste qui fournit les fleurs les plus odorantes du pays est l'*Olea fragrans* Thunbg., chanté par tous les poètes chinois sous le nom de *Kuei-hua*. J'en ai trouvé deux variétés fort peu différentes l'une de l'autre. Les fleurs de l'*Olea fragrans*, aussi appelé *Osmanthus fragrans* Lour., servent à parfumer le thé et les liqueurs. Les femmes aiment beaucoup à en décorer leur chevelure, et comme ces fleurs sont axillaires, on les monte une à une sur des fils de fer réunis en forme de peigne ou de bouquet qu'on pique dans les cheveux. L'odeur est suave et pénétrante sans être forte ; c'est certainement, à mon avis, le plus exquis parfum de la Chine, pays d'ailleurs riche en odeurs de toutes sortes.

Chose curieuse, le jasmin chinois fleurit l'hiver, avant l'apparition des feuilles ; ses fleurs sont jaunes et inodores, ses branches vertes et anguleuses (*Jasminum nudiflorum* L.) On le trouve souvent sur les tombeaux. Un autre arbrisseau produit aussi avant les feuilles des fleurs jaunes et inodores, c'est le *Forsythia suspensa* Sieb. fleurissant en Mars et appartenant comme l'*Osmanthus fragrans* à la famille des Oleinées.

En descendant dans la vallée, je remarque de nombreux plants du palmier de Chine, le *Chamærops Fortunei* Hook. = *Ch. excelsa* Mart. (non Thunbg.) qui croît ici à l'état spontané et dont il existe quelques beaux échantillons dans plusieurs de nos jardins de Cherbourg. Dans les rochers humides croît en abondance le *Saxifraga sarmentosa* L. Sur le bord des chemins le *Lycium chinense* Bunge (1) est couvert de ses baies rouges, que les herbo-

(1) Je viens de voir avec plaisir au Jardin botanique d'Avranches, un superbe échantillon en fleurs du *Lycium chinense*. (6 septembre 1880).

ristes chinois recueillent avec soin et font sécher sur des nattes de bambou. Elles sont en effet considérées comme possédant des propriétés anti-névralgiques. En fait de plantes médicinales, je récoltai aussi en fleurs une belle gentiane à large corolle bleue, *Gentiana squarrosa* Ledeb. Mais je n'en finirais pas s'il me fallait citer toutes les plantes intéressantes rencontrées dans ce voyage. Je terminerai donc ici cette liste donnant une idée suffisante de la flore de cette région.

Faune. — *Felis tigris.* — La faune de ces montagnes est des plus riches, les animaux sauvages y abondent. Le plus gros et le plus terrible de tous est le tigre qui vient quelquefois jusque sous les murs de Ningpo. Il y a trois ou quatre ans, l'un de ces gros chats vint un beau matin jusqu'à la porte nord de la ville. Un paysan qui travaillait dans son champ trouva assez de courage dans sa terreur pour brandir sa houe qu'il déchargea de toute sa force sur le *Lao-hu* (vieux tigre). Celui-ci s'enfuit à quelques pas de là dans un temple. L'alarme fut donnée et un peloton de soldats bien armés de fusils et trainant même, dit-on, un obusier de campagne, vinrent en frissonnant attaquer le félin dans sa retraite. On tira sans viser, avec précipitation, un bon nombre de cartouches sur l'animal ; celui-ci blessé, se précipita sur les " braves " du gouverneur et en abîma deux ou trois. On réussit enfin à loger quelques balles dans les parties vitales et l'on porta la victime en triomphe chez le *Tao-tai* (gouverneur) qui en fit distribuer des quartiers à toutes ses connaissances. Mon ami Mr Drew, directeur des douanes, reçut en présent quelques côtelettes du tigre; il les donna généreusement à ses domestiques ; ceux-ci les dévorèrent avec enthousiasme, persuadés qu'ils acquerraient par là-même un courage invincible. Le cœur et le foie furent réservés aux autorités militaires, qui durent en les mangeant acquérir une forte dose de courage, le foie étant considéré comme le siége de la valeur. Aussi dit-on en Chine d'un homme courageux qu'il a, non pas du courage, mais un gros foie. Les os, les griffes et les moustaches furent aussi soigneusement mis de côté, car on leur attribue des vertus thérapeutiques considérables. La gelée d'os de tigre est corroborante au premier chef.

Grâce à cette superstition toute chinoise, il est impossible au naturaliste de se procurer un squelette complet du tigre de Chine et je ne crois pas qu'il en existe un dans aucun musée. Il est même très-difficile d'obtenir une peau garnie des griffes ou du crâne, car elle acquiert par le fait même une valeur très-considérable. J'ai cependant eu la chance de m'en procurer une fort belle pour la somme de quarante onces d'argent (Taels), environ 280 francs, et encore ai-je dû la faire venir de Niuchuang, ville du nord de la Chine voisine de la Mongolie et de la Corée pays où les tigres sont fort communs. Cette peau montée vaut environ 1,000 à 1,200 francs à Paris. J'en ai vu une fort belle chez un fourreur à Tours, que l'on m'a fait 1,500 fr.; il est vrai que l'on avait fabriqué un crâne garni de dents, ce qui mettait la monture seule à près de 300 francs. A côté se trouvait une belle peau de tigre du Bengale que l'on estimait à 800 francs. C'est qu'en effet le tigre de Chine est beaucoup plus beau et plus rare. Il est plus fort, plus grand, et le poil au lieu d'être ras est luisant et long, épais et laineux (1). Les couleurs sont plus tranchées ; ceci vient de ce qu'en Chine et en Mongolie, aussi bien qu'en Corée, le tigre vit dans des climats très-froids ; on

(1) On trouve souvent sur le marché de Péking des peaux qui mesurent 8 pieds du museau à la naissance de la queue.

pourrait même l'appeler le tigre des neiges, car on l'a trouvé vivant dans des trous sous la neige. On a même cru longtemps qu'il formait une espèce à part.

En 1874, M. A. Swinhoe apporta de Chine en Angleterre un crâne de tigre à long poil de Mandchourie et un autre crâne provenant d'un tigre tué à 120 milles de Ningpo. Ces crânes furent soigneusement examinés par M. G. Burk de la Société zoologique de Londres, et la conclusion à laquelle il arriva est qu'ils ne différaient en aucune façon des crânes des tigres du Bengale. Le tigre chinois que l'on rencontre depuis les frontières du Yunnan au Sud, jusqu'au fleuve Amour au Nord, est donc bien le *Felis tigris* dont la taille, la couleur et le pelage varient avec les conditions climatériques des pays qu'il habite. A Ningpo, il est déjà plus fort que celui du Bengale, mais, comme dans ce pays il gèle pendant un mois ou deux, son pelage est plus épais ; en Mandchourie il atteint de plus grandes proportions et son poil devient une laine longue et entremêlée d'un fin duvet, afin de le protéger contre les froids de — 25° à — 40° qu'on éprouve dans ces pays.

La même loi s'applique aux léopards de l'Inde et de la Chine, qui ne diffèrent que par ces caractères. La comparaison a aussi été faite sur des crânes et des peaux de léopard rapportés des environs de Ningpo par M. Swinhoe. Le léopard vivant dans ces montagnes n'est donc autre que le *Felis leopardus* L. A Peking on trouve le *Felis Fontanieri* A. M.-Edw. qui diffère de celui-ci par un pelage plus long et une queue plus fournie. Le chat sauvage est assez commun et appartient, je crois, à l'espèce du Nord, c'est sans doute le *Felis microtis* A. M.-Edw. ou le *Felis communis* L. commun dans la province voisine du Kiangsu.

Les loups, *Lupus chinensis*, sont aussi fort communs dans

ce pays et attaquent quelquefois l'homme. Depuis la révolte des Taïpings, de grandes étendues de pays sont redevenues sauvages, le bois et les broussailles ont poussé là où se trouvaient auparavant de riches villages, et les loups et autres bêtes sauvages se sont multipliés à tel point que, depuis deux ou trois ans, les habitants ont dû organiser de grandes battues pour se débarrasser de ces voisins incommodes. Au mois de Juillet de cette année (1880), ainsi que nous l'apprend le journal chinois *Sin-Pao*, publié à Shanghai, un jeune enfant de deux ans a été enlevé de son berceau en plein jour par deux loups. Le père les poursuivit avec sa houe et les loups s'enfuirent abandonnant l'enfant, qui, malheureusement était mort. Ce fait s'est passé au village de *Huai-Tun*, dans les montagnes des environs de Ningpo. Le nom chinois du loup est *Chai-lang* ou simplement *Lang*. — Le renard est commun et ne diffère pas de l'espèce européenne *Canis vulpes* L. Cependant Swinhoe a trouvé dans le Sud une espèce différente qu'il a appelée *Canis houly*, du nom chinois du renard (1).

Une espèce de chien sauvage fort remarquable se trouve dans ce pays, c'est le *Canis procyonoïdes,* aussi appelé *Nyctereutes procyonoïdes* Gray et *Racoon dog* en anglais, *Hao-tsze* en chinois classique, *Kuo-tse-li* en langue vulgaire. Ce dernier nom qui signifie : chat mangeur de fruits, indique que cet animal n'est pas essentiellement carnassier. Sa fourrure est fort estimée des chinois. Le premier spécimen vivant de ce rare carnivore fut reçu au jardin zoologique de Londres en juin 1874 ; il provenait des bords de l'Amour, mais on le trouve aussi jusqu'à Canton.

Il en est de même de la belette chinoise, *Meles lepto-*

(1) Voir " Proceedings of the Zoological Society of London for the year 1874," p. 147-148 et seq.

rhynchus A. M.-Edw. = *Meles chinensis* Gray, dont on connaît aussi une variété sous le nom de *Meles (Arctonyx) leucolaemus* A. M.-Edw. Les chinois les distinguent par les noms respectifs de *Chu-huan*, cochon-belette, et *Kou-huan*, chien-belette. La peau sert à faire des coussins pour les sièges.

La loutre, *Lutra chinensis* Gray, diffère un peu de la nôtre; elle est assez commune dans les rivières et fournit, sous le nom de *Shui-ta-pi*, une fourrure estimée. J'ai acheté plusieurs loutres chinoises en chair pour la somme de 4 francs pièce. Les chasseurs des environs m'ont aussi apporté à Ningpo de beaux spécimens de *Viverra malaccensis* Gmelin, *Viverra zibetha* L., *Martes flavigula* Blyth, *Mustela sibirica* Pall. Un *Crossarchus* ? et un *Nasua narica* ? provenant des environs de Ningpo, se trouvent aussi au Muséum de Shanghai ; les étiquettes, ainsi que le catalogue, portent le signe ? à côté du nom ; c'est que ces deux espèces n'ont pas été indiquées jusqu'ici comme se trouvant en Asie, et il est possible que l'identification soit fausse.

Les chauves-souris notées à Ningpo sont le *Vespertilio murinus* L., *Phillorhina Swinhoei* = *P. armigera* Hodgson, *Rhinolophus Nippon* Temminck *aut R. ferrum equinum*, *Vesperus serotinus*, Schreb.

Le muséum de Shanghai possède aussi depuis peu un *Paguna larvata* Gray et un *Herpestes griseus* Geoffroy, qui pourraient bien provenir de ces parages.

Les insectivores sont assez rares et je n'ai jamais vu de taupes, bien que je croie qu'il en existe; par contre le petit hérisson chinois, *Erinaceus dealbatus* Swinhoe, est commun.

Les rongeurs sont plus nombreux ; le lapin n'existe pas, mais ainsi que je l'ai dit plus haut, il est remplacé ici par le *Lepus sinensis* Gray, fort abondant. Dans les endroits boisés j'ai vu plusieurs écureuils, parmi lesquels j'ai cru reconnaître le *Sciurus chinensis*, le *Sciurus griseipectus* Swinhoe. Dans les maisons on trouve le rat *Mus decumanus* de Pallas ; dans la campagne le *Cricetulus griseus* A. M.-Edw. et le *Sorex murinus* L.; quant à la souris, je ne l'ai jamais rencontrée.

Le sanglier du Nord ne diffère point du nôtre (*Sus aper* L.), mais celui de la Chine centrale est le *Sus leucomystax* Gmel., sanglier à moustaches blanches. Il est commun dans le Chèkiang et les chasseurs chinois connaissant le goût des étrangers pour le *Yeh-chu*, cochon sauvage, en apportent fréquemment l'hiver sur le marché de Ningpo.

Cervidés. Hydropotes inermis. — Mais de tous les mammifères, les plus intéressants sont certainement les Cervidés, dans la famille desquels on a fait de nombreuses et importantes découvertes.

Le plus commun de tous est l'*Hydropotes inermis* de Swinhoe, un curieux petit cerf sans cornes, de la taille du chevrotin porte-musc, fort abondant dans les roseaux sur le bord des rivières, d'où son nom de *buveur d'eau* (*Hydropotes*). Il porte à la mâchoire supérieure deux défenses longues, recourbées, très-tranchantes au bord interne. On croit qu'il peut les replier à volonté et les cacher entièrement sous les poils de la lèvre inférieure. La raison de cette croyance est que l'on trouve toujours ces longues canines très-ébranlées chez les sujets morts; on peut même les déplacer aisément d'avant en arrière et de côté d'un angle de 10° à 15° ; les canines non développées sont au contraire très-solidement fixées dans leur alvéole. M. Swinhoe basait aussi son opinion sur le fait suivant : Il avait observé à Shanghai un mâle adulte élevé en captivité ; cet animal portait ses défenses relevées en arrière et entièrement appliquées sur les paquets de poil qui ornent la mâchoire inférieure. Le propriétaire possesseur du cerf depuis de nombreuses années, déclara qu'il ne les avait jamais vues autrement et ne croyait pas que l'animal pût les déplacer. Or, comme je l'ai dit plus haut, ces défenses sont toujours verticales chez les animaux morts ; elles se relèveraient donc au moment de la mort, ou bien l'animal observé à Shanghai aurait eu les siennes relevées par un accident. Un médecin de Shanghai, le Dr Jamieson a examiné soigneusement au microscope le tissu qui entoure ces défenses, il n'y a trouvé aucunes fibres musculaires, pas plus que de tissu érectile(1). On n'a pu encore observer l'animal d'assez près à l'état libre pour décider cette question encore obscure.

L'*Hydropotes inermis* est d'une fécondité exceptionnelle pour un cervidé ; on a souvent trouvé sept petits bien conformés dans le ventre de leur mère. Aussi il abonde sur les bords du Yang-tsze-Kiang et les marchés de Ningpo et de Shanghai en sont abondamment pourvus en hiver, tellement même que beaucoup se pourrissent faute d'acheteurs. On peut alors se procurer un beau mâle adulte pour la somme de 5 fr. 50 ou 6 francs. On a vu des parties de chasse où trente de ces animaux avaient été tués en quelques jours. On les trouve d'ordinaire dans les terrains humides au bord des eaux et généralement seuls, bien qu'on ait une fois tiré sur un véritable troupeau composé d'une vingtaine de têtes. Ils croissent vite et sont adultes à l'âge de trois ans. Leur chair est agréable, mais moins forte en goût que celle de notre chevreuil. L'acclimatation de cet animal serait facile en France et des plus

(1) Proceedings of the Zoological Society for the year 1873, p. 372-37.

avantageuses vu sa fécondité ; d'ailleurs ils ne vivent que de plantes herbacées et respectent les arbres. Le poil de ce petit cerf est très-épais, gros, creux et dur et d'un gris fauve; il ressemble assez comme forme à celui du renne. J'ai vu plusieurs chiens mourir d'indigestion pour avoir gloutonnement avalé des fragments de peau d'Hydropotes recouverts de leur poil.

Cervus Michianus. — Pendant mon séjour à Ningpo j'eus aussi le plaisir de voir vivants deux cerfs de Michie, *Cervus Michianus* Swinhoe, connu seulement depuis quelques années et encore fort rare, puisque le Muséum de Shanghai n'en possède encore que la tête. Un Chinois, chasseur des environs, m'apporta trois spécimens de ce charmant animal ; l'un était mort, l'autre mourant, le troisième était assez bien portant. Comme le rusé marchand connaissait mon désir d'acheter ces animaux qu'il savait rares, il me les fit un prix exorbitant (60 fr.). J'attendis que le second fût mort et je pus obtenir le mâle et la femelle pour la somme de 3 dollars (15 fr.). Je préparai aussitôt ces deux peaux que j'envoyai à mon ami le P. Heudes pour en orner son musée de Siccawey, près Shanghai. Quant au troisième, il fut acheté par le consul anglais M. W. M. Cooper, dans le jardin duquel j'eus l'occasion de le voir en bonne santé. C'est un animal charmant d'environ 4 pieds de haut, à pelage gris noir, court et soyeux. Malheureusement je n'en ai conservé ni dessin, ni description ; on les trouvera je pense dans les " Proceedings of the Zoological Society ".

Cervus Kopschi, etc.— On trouve encore, dans les montagnes qui séparent le Chêkiang de l'Anhuei, un cerf fort curieux, activement chassé par les chinois pour ses jeunes bois très-employés par les pharmaciens du pays, qui les paient des sommes considérables à cause des vertus extraordinaires qu'ils leur attribuent. Ces cornes sont souvent apportés à Ningpo ; quant à l'animal qui les fournit, il n'est connu que depuis 1873, époque à laquelle M. Kopsch, alors Directeur des douanes à Kiukiang, en envoya un spécimen à Mr Swinhoe, à cette date consul d'Angleterre à Ningpo. Ce savant naturaliste a donné à cette nouvelle espèce de cerf le nom de *Cervus Kopschi*. La chair en est fort bonne et de beaucoup préférable à celle de l'Hydropotes, aussi atteint-elle un bon prix sur les marchés de Chinkiang et Kiukiang où on en trouve quelquefois.

Ce bel animal mesure quatre pieds du museau à la naissance de la queue et près de trois pieds de hauteur à l'épaule. Fourrure dure sur le cou, longue et bouclée sur l'abdomen. On en trouvera une description détaillée dans les "Proceedings of the Zoological Society for 1873" p. 574 et seq. Au moment de mon départ pour la France (Février 1880), j'en ai vu un beau spécimen vivant à Siccawey, destiné je crois, par le P. Heudes, au Muséum de Paris.

Dans les montagnes des environs de Hang-chou, capitale du Chêkiang, on trouve encore le *Cervulus Sclateri* Swinhoe; le *Cervulus Reevesi* Swinhoe, de la Chine méridionale et de Formose, habite aussi dans les environs de Ningpo (1). Des chasseurs m'ont assuré avoir vu le *Cervus mandschuricus* Swinhoe dans les montagnes de Hang-chou ; ce fait est extraordinaire, mais voici comment il s'explique : Un riche pharmacien de cette ville possédait au moment de la révolte des Taïpings plusieurs paires de ces cerfs, ils

(1) Voir leur description avec planches dans les "Proceedings of the Zoological Society for 1874" p. 40 et seq.

s'échappèrent dans la montagne pendant la confusion qui suivit le pillage de la ville.

Comme on le voit par cette liste, la province de Chê-kiang est riche en espèces nouvelles de Cervidés.

CHAPITRE VIII.

Continuation du voyage. — Les radeaux de bambou. — Descente de la rivière de Feng-hua. — Retour à Ningpo. — Le marché au poisson. — Inventaire d'une boutique de poissonnier. — Sépias séchées, leur importance commerciale. — Industrie des chevrettes séchées. — Pêche des crabes, diverses méthodes. — Diverses espèces de bateaux de pêche. — Vie des pêcheurs à bord. — Remarques sur l'armement des jonques, ancres en bois, câbles en textiles divers, bambou, etc. — Quelques emplois du bambou, hutte portative.

Continuation du voyage. — Le 23 Novembre, vers une heure après midi, nous avions atteint le sommet de la belle chaîne de montagnes qui nous séparait de la plaine de Ningpo. La descente s'effectua assez rapidement et sans difficulté, mais au pied des montagnes nous trouvâmes les rivières grossies par les pluies et les gués impraticables. La rivière de *Feng-hua* entr'autres, coulait à pleins bords et force nous fut de la suivre longtemps avant de pouvoir la traverser. Elle coule en certains endroits au pied de falaises à pic, au bord extrême desquelles serpente un petit sentier égayé çà et là par un tombeau ou un arc de triomphe élevé à une veuve vertueuse ou à un lettré célèbre. Mes porteurs trouvèrent enfin un gué, c'était une suite de grosses pierres plates traversant la rivière et déjà recouvertes de quelques pouces d'eau. Ils s'engagèrent bravement sur cette chaussée glissante, mais furent arrêtés au milieu par un accident. Des pêcheurs remontaient la rivière sur leurs radeaux de bambou, l'un d'eux s'engageant trop dans le courant au lieu de longer le bord fut jeté sur la chaussée où son radeau s'engagea à moitié en chavirant. Le chemin nous fut ainsi barré du coup, tandis que le malheureux pêcheur essayait en vain de remettre son radeau à flot avec les efforts combinés de ses camarades.

Pendant ce temps ma position devenait critique, l'eau montait et mes porteurs ne pouvaient se retourner sur cette chaussée étroite ni me déposer dans l'eau. On dut venir à leur aide en passant sous la chaise ; ils purent alors faire volte-face et rebroussèrent chemin.

Radeaux en bambou. — Les radeaux en bambou, que je voyais là pour la première fois et sur lesquels je devais voyager quelques semaines plus tard, sont extrêmement commodes pour naviguer sur ces torrents de montagnes. Ils sont formés d'une dizaine de longs bambous assemblés côte-à-côte par quelques traverses, le tout formant un radeau long d'une quarantaine de pieds, large de quatre et épais de 8 à 9 centimètres seulement. L'une des extrémités formant l'avant est relevée en proue, ce qu'on obtient en courbant les bambous verts sur un feu vif. Pour diminuer le poids de l'appareil on a soin de raboter les bambous jusqu'à ce qu'on ait enlevé près de la moitié de leur épaisseur. Cette précaution les rend non-seulement plus légers, mais facilite leur glissement sur les pierres, en détruisant les bourrelets naturels formés par les nœuds. Puis, pour les empêcher de pourrir ou de se fendre, on les noircit au feu autour de chaque nœud. Un second radeau dépourvu de proue s'ajoute à l'arrière du premier, donnant à tout l'appareil une longueur de 80 pieds. Lorsqu'on navigue sans chargement on place ce second radeau sur le premier.

Pour les marchandises qui craignent l'eau, ou pour accommoder des passagers, on place de distance en distance une petite claie en bambous légers sur des barres de bois de quelques pouces d'épaisseur. Le tout ne pèse que fort peu et est facilement traîné ou porté par un individu ou deux. Un homme, armé d'une longue gaffe, suffit pour la manœuvre de ces radeaux, avec lesquels j'ai pu descendre des torrents et glisser sans accident des rapides où il y avait à peine douze centimètres d'eau.

Descente de la rivière de Feng-hua. — J'arrivai enfin vers 3 heures à la ville de *Feng-hua*, cité de troisième ordre, fort éprouvée lors de la révolte des Taïpings, qui en furent chassés par les corps franco-chinois. On voit encore les marques des boulets sur les monuments des environs. Ici, la rivière est navigable pour de grosses barques descendant à Ningpo en 7 ou 8 heures, lorsque la marée, qui remonte assez haut au-dessus de Ningpo, n'est pas contraire. En passant par les canaux, le chemin est plus long, mais la navigation est assurée contre la chance des marées contraires. Je me hâtai de louer un bateau, car la rivière grossissant à vue d'œil, les moulins à riz étaient déjà submergés et le passage des ponts menaçait de devenir dangereux et même impossible. Les eaux montent dans ces torrents avec une telle rapidité, qu'on a souvent observé une crue de 10 pieds en quelques heures d'orage. Grâce à l'obligeance du révérend Jas. Williamson, missionnaire protestant anglais à *Feng-hua*, je pus moyennant 1000 sapéques (environ 5 fr.), obtenir passage sur une grosse barque chargée de papier qui partait le soir même pour Ningpo.

Ce lourd bateau non ponté était simplement recouvert de nattes peu étanches ; aussi étais-je loin d'être à mon aise sur le chargement de papier. Je me rappelai alors le charmant livre du capitaine Mayne-Reid " A fond de cale " que j'avais lu avec bonheur dans mon enfance, et avec une joie enfantine je me mis à remuer les grosses balles de papier au grand étonnement des bateliers qui furent assez aimables pour me laisser faire sans trop comprendre mon but. En peu de temps je m'étais construit dans la cargaison un réduit chaud et bien abrité. Il consistait en un boyau long de sept pieds, large de trois et ressemblant à un tombeau. J'y établis mes couvertures, sur lesquelles je m'étendis ; une lanterne de papier empruntée au patron me permit de passer agréablement la soirée à lire le délicieux petit roman de Bulwer Lytton, " Night and Morning ", tandis qu'au dehors la pluie faisait rage et augmentait pas mal le poids du papier au grand détriment de l'acheteur.

Le marché au poisson. — Enfin le 24 Novembre au matin, je débarquais sur le marché au poisson de Ningpo, ayant été neuf jours à faire ce voyage. Le marché au poisson se trouve au bord de la rivière près la porte de l'Est, sous les murs mêmes de la cité et dans le voisinage de la fameuse pagode des pêcheurs Fokiennois, la plus belle de toute la ville. Entre cinq et sept heures du matin, il y a toujours là un grand mouvement. Plusieurs files de navires pêcheurs de Chusan, Chin-hai, et autres endroits, sont amarrés au quai en compagnie des *Ping-chuan* (bateaux à glace) de Ningpo.

Le quai pavé de grandes dalles de grès est rendu glissant par l'eau et les débris de poisson. Ici l'on débarque des coques du Nimrod-sound. Elles sont renfermées dans les lourds baquets que nous avons déjà décrits ; là ce sont des anguilles vivantes que l'on extrait des réservoirs d'un bateau de la rivière. Plus loin, le quai est encombré de baquets plats et oblongs dans lesquels on conserve en vie des carpes ou l'*Ophiocephalus niger*, poissons d'eau douce. De la cale des bateaux à glace on enlève une grande quantité de *Tai-Yü (Trichiurus)* pêchés au large des Chusan. On les coupe en deux, puis on les empile dans des baquets pareils à ceux des coques, et on ajoute une forte saumure. Ainsi préparés, il vont repartir par les bâtiments marchands pour l'intérieur du pays. Enfin, il y a des bateaux de Chefoo qui apportent ici des balles de poisson séché sur les rochers du cap Shantung, des jonques du Sud chargées d'holothuries pêchées et fumées sur les côtes de Formose. Des caisses bien conditionnées et marquées de caractères indiquant une provenance japonnaise viennent d'arriver par un bateau à vapeur. Elles contiennent de l'*Awabi*, chair de l'haliotide gigantesque séchée, mets dont les chinois sont très-friands.

Inventaire d'une boutique de poissonnier. — Visitons maintenant l'une des nombreuses boutiques de marchands de poisson et qui toutes ont deux façades, l'une sur le quai, l'autre sur une rue parallèle. Au-dessus de la porte, une grande planche laquée et noire porte en larges caractères dorés le nom du marchand. Ce nom se trouve répété dans l'intérieur sur une planche verticale placée près du comptoir et souvent accompagnée d'une autre sur laquelle se trouvent trois caractères bien lisibles : *Pou erh chia* " *point deux valeurs* ". C'est l'équivalent de notre " prix fixe ". L'entrée donnant sur le quai est sale et encombrée, c'est là qne se font les emballages, etc. Sur la rue, au contraire, tout est rangé symétriquement et le poisson est exposé proprement. Sur le pavé, en dehors, nous trouvons les baquets renfermant le poisson vivant, les crabes en vie ou les huîtres écaillées, conservées dans de l'eau de mer, ce qui les rend plus dégoûtantes qu'engageantes. Sur un étal ou pendus à des crochets de fer, nous trouvons les poissons de mer que viennent d'apporter les bateaux. En ce moment j'y remarque beaucoup de jeunes requins, des soles, des maquereaux et des bonites. Je suis fort étonné d'y trouver deux magnifiques langoustes, car on ne trouve ni homards ni langoustes sur la côte. En les examinant de près je reconnais le *Palinurus trigonus* du Japon ; on le prend quelquefois au large des îles Chusan. Dans la boutique, sur des trétaux, toute une série de sacs grossiers montrent leur contenu consistant en petits poissons séchés de différentes espèces. Il y avait entr'autres trois ou quatre variétés de chevrettes séchées avec ou sans leur coquille. Les plus petites, appelées *Hsia-mi*, forment un mets excellent dont j'ai souvent mangé avec plaisir. La carapace des grosses chevrettes est soigneusement recueillie et vendue à part ; les habitants du pays l'enfouissent au pied de leurs arbustes à thé et prétendent que c'est un excellent insecticide tuant sûrement certains insectes destructeurs qui attaquent souvent les thés.

Dans chacun des sacs est piquée une latte de bambou sur laquelle sont écrits le prix, le nom et la qualité de la marchandise. Dans de grandes caisses en bois à droite et à gauche le long des murs se trouvent les produits secs les plus communs, savoir : novaculines, moules, sépias, chevrettes sans écailles, ailerons de requin commun, petits poissons de diverses espèces, *Salanx chinensis*, etc. ; puis quelques produits conservés dans le sel, entre autres chevrettes, méduses, diverses espèces de petits poissons.

Au-dessus, dans des tiroirs, on conserve les produits secs les plus chers, tels que : Holothuries, Huîtres, Awabi, Sang de crabe séché, diverses variétés d'ichthoyocolle en lames, en disqnes, en lanières, des conferves marines et des varechs de plusieurs espèces : Laminaria, Helminthochorton, Porphyra, etc. Au milieu de la boutique, des vases en terre vernissée renferment les préparations conservées dans la saumure et dont voici les principales : Moules, Chevrettes, Crabes de mer et de rivières, Chair de crabe, Huîtres, Paludines, etc. Dans l'arrière-boutique, je remarquai de gros ballots enveloppés de nattes ou de toile grossière renfermant les gros poissons secs, la plupart provenant du Nord de la Chine. Il y en avait bien au moins vingt espèces ; les plus remarquables sont les suivantes : Raies trois espèces, jeunes requins, morues, petits harengs, tetrasdons, anguilles, ophicephales, plies, sols et limandes, etc, Je trouvai aussi des paludines et des bullées conservées dans du vin, et diverses espèces de sauces dans des amphores.

Tout cela se vend au poids, déterminé au moyen d'une balance romaine. On trouve dans le magasin situé au premier étage de petits paniers en bambou, des pots et des bouteilles de terre commune, des sacs, du papier, de la ficelle, des feuilles de bambou, le tout destiné à empaqueter la marchandise au moment de la vente.

Les feuilles de bambou sont, à proprement parler, les larges gaînes spathiformes qui enveloppent les jeunes pousses des bambous et qu'on façonne en cornets, boîtes, etc. C'est aussi dans ces boutiques que les pêcheurs achètent les souliers de jonc tressé dont ils se servent à bord de leurs navires.

De toutes ces marchandises, une des plus curieuses est celle appelée " sang de crabe séché " composé des liquides que l'on trouve dans l'intérieur de ces crustacés. On les verse dans une tasse de porcelaine et on les fait sécher au soleil ou près d'un feu doux. On obtient ainsi des pains hémisphériques, couleur jaune-brun. Pour s en servir on les fait dissoudre dans de l'eau bouillante.

Pieuvres séchées, leur importance commerciale. — Non

moins curieuses et d'une grande importance commerciale sont les pieuvres séchées qui constituent l'une des exportations les plus considérables du port de Ningpo. Elles viennent des îles Chusan sur les rochers desquelles on les fait sécher. Dans les bonnes années, Ningpo en reçoit jusqu'à 120,090 piculs. Si l'on en juge par la quantité apportée sur le marché, le nombre des pieuvres, dans les mers des environs, doit dépasser les bornes de l'imagination. On a calculé en 1873 qu'il y avait 900 bateaux et 54,000 hommes occupés à cette pêche dans l'archipel des Chusan. " Ce chiffre ne comprend pas le nombre immense de bateaux continuellement employés, mais donne seulement le nombre de ceux qui sont spécialement armés pour cette pêche. Ils s'y rendent chaque année en une flotte nombreuse, pêchent de compagnie et reviennent ensemble à la fin de la saison " (1).

En outre des bateaux organisés pour la capture des sépias, il en est un grand nombre qui descendent les rivières, et qui, bien qu'incapables de tenir la mer, prennent leur part dans ces expéditions à la récolte d'une moisson maritime. Ce sont presque tous des navires non pontés, de simples embarcations montées par trois hommes seulement. Le nombre de ces esquifs ne peut guère être inférieur à celui des vrais bateaux de pêche aux sépias, en sorte qu'en ajoutant encore le nombre d'hommes employés exclusivement sur les îles à nettoyer et sécher les mollusques, nous ne risquons point de nous tromper en estimant à près de 1800 le nombre des bateaux faisant cette pêche avec le concours d'au moins 80,000 hommes.

Comme une grande quantité de pieuvres séches sont exportées par jonques et qu'il n'y a point encore de

(1). Voir " Customs Annual Reports on Trade, China, 1873 ".

douanes régulières publiant des statistiques pour ce genre de navires, il nous est impossible de donner sur l'exportation de ce produit des chiffres exacts. On peut cependant juger de son importance par les quantités exportées sur des navires de construction étrangère naviguant sous pavillon chinois ou autre et soumis aux réglements des Douanes Impériales Maritimes, qui, dirigées par des étrangers publiant régulièrement leurs statistiques. Voici ces chiffres ne représentant bien probablement que la moitié de l'exportation totale ;

ANNÉE.	QUANTITÉ. *Piculs.*	VALEUR. *Taëls.*
1861	7,214	40,016
1862	32,512	175,531
1863	37,118	222,714
1864	27,922	162,536
1865	37,581	210,798
1866	22,427	157,177
1867	41,740	137,182
1868	41,971	165,974
1869	59,136	236,542
1870	25,361	102,190
1871	18,038	81,175
1872	26,298	131,494
1873	57,819	289,094
1874	86,688	260,064
1875	37,245	174,586
1876	56,667	258,292
1877	17,270	140,882
1878	22,769	204,346
1879	33,973	190,099

Tout le succès de la saison de pêche ne dépend pas seulement des vents favorables ; il faut encore un temps sec et clair. Les pieuvres sont rarement apportées fraîches à Ningpo, mais, quand les bateaux sont pleins, on porte ces céphalopodes sur les îles rocheuses où on les ouvre et sèche au soleil. Ce travail est fait par des hommes qui viennent se fixer dans ce but sur ces îles, désertes en hiver. La pluie gonfle les pieuvres et les fait pourrir. Il est souvent arrivé qu'après une pêche très-fructueuse, une grande partie de la récolte a été détruite de cette façon. Si les vents froids durent trop, même en temps sec, la dessiccation se ralentit et les chances de perte sont ainsi augmentées. Les pêcheurs craignent aussi beaucoup les vents de Nord-Est qui dispersent les pieuvres. Le prix ordinaire de ces mollusques séchés est de 5 ou 6 dollars le picul, mais il peut atteindre jusqu'à 13 et 14 dollars.

L'auteur a souvent goûté à ce mets, généralement considéré comme dégoûtant par les étrangers, et l'a toujours trouvé sain et agréable, quelle que fût la sauce ou la façon dont il était préparé. Les pieuvres sont une ressource inestimable pour les habitants de cette province surtout lorsque les récoltes viennent à manquer. En 1873 une sécheresse prolongée empêcha la récolte du riz et le pays aurait certainement cruellement souffert s'il n'eût eu la ressource d'une heureuse saison de pêche.

Les filets employés pour cette pêche sont de deux sortes. L'un de forme conique, mesure dix pieds de profondeur et six d'ouverture. La partie inférieure est garnie de rouleaux de bois entre lesquels se trouvent de lourds anneaux de terre cuite, le tout pour faciliter le draguage du filet sur le fond. Ce filet est employé par les petits bateaux et près de la côte, dans de petites profondeurs. L'autre filet appelé *Ta-meng* (grand filet) *Seu-Yusch-meng* (filet de la quatrième lune), a la forme d'un pantalon et mesure près de 100 mètres de long; il est teint avec l'écorce du palétuvier et peut durer quatre ans. Il est fixé entre deux bateaux et comme son nom l'indique, sert vers la quatrième lune pour la pêche des pieuvres.

L'encre sécrétée par la pieuvre (*Sepia officinalis*, *Sepia sinensis* (D'Orbigny) n'est pas utilisée par les chinois; étant considérée comme sans valeur elle est jetée au moment du séchage. Dans certains ouvrages, entre autres dans le *Pen-Tsao Kang-Mu*, j'ai lu qu'à une certaine époque on a essayé de s'en servir pour l'écriture, mais on a dû abandonner cette idée, vu que les caractères s'effaçaient, laissant la page blanche au bout de quelques années. Il m'est impossible de dire si cet article, qu'on a, par erreur, longtemps supposé être la base de l'encre de Chine, a une valeur commerciale suffisante pour qu'on puisse, avec profit, le sécher et l'exporter. Mais si cette couleur (qui n'est autre que la sépia séchée et préparée sur les côtes de la Méditerranée), était un article demandé sur le marché européen, Ningpo pourrait en fournir à bas prix des quantités considérables (1). Les os de seiche sont laissés daus le corps du mollusque ou employés comme médecine, ils ont sur le marché une valeur de 1 dollar par picul.

Industrie des chevrettes séchées. — Les chevrettes dont nous avons déjà parlé sont prises en grand nombre sur la côte (*Peneus sinensis*) et dans les fleuves et canaux *(Alpheus)*, car il en existe ici une espèce d'eau douce (2). Elles sont séchées, salées avec ou sans leurs coquilles et réparties en lots, suivant leur grosseur et leur qualité. On les plonge d'abord dans l'eau bouillante pendant quelques instants, puis on les fait sécher au soleil. La qualité supérieure qui est la plus grosse est ensuite débarrassée de la tête et de la carapace qu'on met soi-

(1) Customs annual Reports on Trade, China. 1869.

(2) J'en ai remarqué une espèce à carapace rouge : *Alpheus*.

gneusement à part, car cela servira comme engrais dans les plantations de thé. Les plus petites sont simplement séchées au soleil. D'autres sont conservées entières dans du sel. Toutes ces préparations sont excellentes et servent à confectionner de bons plats. Il y a aussi une sauce rouge particulière faite de chevrettes salées, puis broyées dans de la saumure.

Il est curieux de remarquer que les chinois ont introduit à San-Francisco, cette industrie des chevrettes qui est devenue très-florissante et enrichit plus d'un émigrant du Céleste-Empire. Ils ont loué dans la baie de grandes étendues pour lesquelles ils paient une redevance au gouvernement. Les chevrettes préparées sont consommées sur place dans la ville chinoise, et commençent à être appréciées par les américains eux-mêmes. Les déchets sont envoyés en Chine pour les plantations de thé.

Pêche des crabes, diverses méthodes. — Les crabes se prennent de diverses façons suivant leurs espèces. Les crabes nageurs et autres crabes de mer, *Portunus, Pagurus, Carcinus, Neptunus pelagicus*, sont pris au filet. Les crabes de rivière, *Telphusa sinensis*, *Eriocheira sinensis* se prennent dans des paniers de bambou, l'amorce consistant en chevrettes bouillies, renfermées dans un petit panier conique en bambou fixé à l'intérieur du piège. Les crabes de boue ou les crabes de terre sont pris de deux façons, suivant les saisons. En été, un homme muni d'un panier et de quelques brins d'herbe en fleur, se promène le long des rivages et présente son brin d'herbe à l'entrée des trous des cancres. Le crustacé irrité le saisit fortement dans ses pinces et se trouve tout-à-coup arraché à sa demeure, la retraite lui étant rapidement coupée au moyen d'une petite pelle que le pêcheur enfonce aussitôt en travers du trou. En hiver, ces crabes se retirent à une profondeur de deux à trois pieds, suivant le froid, ferment l'entrée de leur terrier et passent toute la mauvaise saison engourdis au fond de leur cachette. Mais ils ont compté sans les enfants du village qui, armés d'une pelle et d'une longue fourchette de fer, munie de deux dents relevées en hameçon, font une chasse fructueuse aux pauvres cancres endormis. Au moyen de la pelle ils cherchent et ouvrent les trous, y plongent leur harpon par les dents duquel le crabe est pris et vite arraché à sa rêverie, puis il est mis en sac avant qu'il ait eu le temps de se réveiller. Ces petits crabes de terre, de la grosseur d'une noix, forment un mets peu agréable qui n'est servi que chez les pauvres gens.

Certains bateaux sont affectés à la pêche des crabes ; la cale est divisée en plusieurs compartiments. Dans l'un on place les crabes de rivière et ceux des crabes de mer qui peuvent vivre longtemps hors de l'eau, dans un autre on dépose ceux qui meurent rapidement, par exemple les crabes nageurs, *Neptunus pelagicus*, *Lupa sp.*, etc., auxquels on a toujours soin de briser les deux fortes épines qui arment la carapace, en sorte que je n'en ai jamais trouvé un spécimen intact sur le marché. Enfin au centre du bateau se trouve un large compartiment rempli d'eau salée où l'on jette indifféremment et en morceaux tous les crabes trop brisés pour figurer sur le marché. Le tout forme bientôt un liquide ayant la consistance et la couleur d'une crème rosée dans lequel nagent des débris informes de crustacés. Une cuiller en bambou sert à puiser cette curieuse soupe que l'on vend pour quelques sapèques la livre. Comme on le voit, il n'y a jamais rien de perdu avec les Chinois.

Sur le marché, les crabes d'eau douce se vendent en sacs lorsqu'ils sont petits ; les gros specimens sont soigneusement attachés les uns au-dessus des autres au moyen d'une tresse de paille ; le tout pendu à un clou ressemble de loin à un monstre à mille pattes. Les gros crabes de la famille des Canceridés sont entortillés dans une grosse corde de paille de façon qu'ils ne puissent se servir de leurs pinces et fort peu de leurs pattes. On les conserve longtemps en vie en les plaçant dans de la boue bien imprégnée d'eau de mer. C'est toujours ainsi immobilisés et apparemment morts qu'on les trouve sur le marché de Ningpo.

Diverses espèces de bateaux pêcheurs. — Puisque nous sommes sur le quai, profitons-en ponr examiner les différentes espèces de bâtiments de pêche qui déchargent ou repartent pour les îles et prenons aussi des informations auprès des pêcheurs au sujet des lois et réglements concernant la pêche.

Voici d'abord les bateaux à glace sans lesquels le transport du poisson frais serait impossible dans ce climat chaud. Les *Ping-hsieu-chuan* sont, comme tous les bateaux chinois, divisés en plusieurs compartiments étanches dans lesquels on peut emmagasiner tout un chargement de glace que l'on empêche de fondre en l'isolant par d'épaisses nattes de paille, placées contre le bordage. Les écoutilles soigneusement fermées sont aussi recouvertes de ces nattes, sur lesquelles on verse fréquemment de l'eau de mer pour les maintenir fraîches. Ces navires prennent un chargement de glace variant de 200 à 600 piculs pour lequel ils ne paient point de droits. On compte environ 50 de ces bateaux à Ningpo, la moitié appartiennent aux grands marchands de poisson. Ils comportent un équipage de dix hommes et coûtent de 500 à 1000 dollars. Ils mesurent environ 30 pieds de longueur et portent 3 mâts chacun ayant une grande voile rectangulaire. Ils achètent le poisson à bord des navires de pêche et le paient au moyen de papier-monnaie ou de billets à ordre, rarement en numéraire. Une coutume curieuse veut que, lors du chargement de la glace, au port de Ningpo, chacun des *Ping-hsien-chuan* envoie comme cadeau un picul de glace au *Yamen* (tribunal) du *Yung-tdung-sse*, mandarin chargé de la police du port et qui à son tour en envoie chez tous les mandarins de la ville qui se trouvent ainsi fournis de glace gratis. Les Chinois ne se servent jamais de glace dans leurs repas puisqu'ils boivent toujours chaud, mais ils en font bon usage pour conserver fraîches leurs provisions de table. Le prix de la glace à Ningpo est d'environ 3 dollars les 8 piculs au printemps ; ce prix monte à 6 et 7 dollars à mesure que l'été s'avance. Les bateaux à glace, en prenant de grandes quantités, jouissent d'une réduction de 20 0/0. Le commerce de la glace est considéré comme une affaire très-sûre.

A côté des bateaux-glacières se trouvent d'autres navires de charge appelés *Chung-lu-chuan* " bateaux intermédiaires de la route ". Ils sont ainsi nommés par ce qu'ils font constamment la navette et servent d'intermédiaires entre les bateaux pêcheurs et le port. Ce sont eux qui, en hiver, apportent le poisson emmagasiné dans des paniers sans glace et les pieuvres sèches en été. On en compte ici environ 10 en temps ordinaire, mais au moment de la pêche des pieuvres leur nombre monte souvent à 50. Ils appartiennent presque tous aux marchands de poisson pour le compte desquels ils naviguent. Leur tonnage varie de 500 à 1500 piculs ; ils comportent 15 à 20 hommes d'équipage et nécessitent une dépense de 4 à 5000 dollars d'armement.

Passons maintenant aux bateaux pêcheurs proprement dits ou *Yü-chuan*. Cette distinction n'existe pas sur les registres de l'Inscription maritime où ils sont confondus avec les précédents sous le nom général de *Tsai-pu-chuan* (bateaux de charge). On les divise en quatre catégories ainsi qu'il suit :

1° *Pu-chuan* " bateaux de charge ". — Ces navires sont employés indistinctement à toutes sortes de pêches. Ils mesurent environ 50 pieds de longueur sur 8 de largeur au centre, ce qui leur donne un tonnage de 500 piculs. Ils coûtent 400 dollars de construction et 250 dollars d'armement pour la saison qui, pour eux, commence à la 2e lune et finit à la 7e, soit près de 5 mois à la mer chaque année. Leur équipage comporte 10 hommes. On compte environ 700 de ces navires dans le district de Ningpo.

2° *Ta-tuei-chuan* " grande paire bateaux " ainsi nommés parce qu'ils naviguent toujours par paires traînant entre eux le *Ta-meng* (grand filet). Ils pêchent surtout le *Huang yü* (poisson jaune), le *Tai-Yu* (*Trichiurus lepturus*), le *Lo yü* (*Alausa* sp.). Ils sont aussi appelés *Ka-Tung*, pêcheurs d'hiver, parce que leur saison s'étend de la 9e lune à la 6e. Ils sont quelquefois dix mois absents, aussi la paye des hommes est-elle plus considérable qu'à bord des précédents. On compte 500 paires de ces bâtiments inscrits à Ningpo. Chaque paire embarque 10 ou 15 hommes dont les gages représentent une somme de 380 dollars ou plus. Les frais d'armement s'élèvent à 500 dollars environ, soit en tout 1700 dollars de frais pour le propriétaire. Leur tonnage est d'environ 300 piculs. Ils mesurent une cinquantaine de pieds de longueur sur 7 pieds 3 pouces de largeur maximum. Leur voilure consiste en deux grandes voiles rectangulaires.

3° *Hsiao-tuei-chnan* " petite paire bateaux ", aussi appelés *Ka-chiu*, pêcheurs d'automne. Ainsi que ces noms l'indiquent, ces bateaux plus petits que les précédents naviguent par paires en automme et pêchent comme eux au grand filet. Ils ne jaugent que 50 piculs, ont de 11 à 12 hommes d'équipage et coûtent 300 dollars d'armement. La paye des hommes se monte à 200 dollars, soit un total de 500 dollars de frais pour l'armateur. Leur longueur est de 20 à 30 pieds sur 5 pieds 6 pouces de largeur. Ils ne portent qu'une grande voile. Leur saison s'étend de la 7e lune à la 3e, soit près de neuf mois d'absence; quelques-uns restent même plus longtemps à la mer. On en compte 250 paires dont 50 de Ningpo.

4° *Wu-tsei-chuan* " noir voleur bateaux ". — Le voleur noir c'est la seiche, aussi appelée *Mei-Yu* poisson à encre ; ces bateaux sont aussi désignés sous le nom de *Yang-shan-chuan* du nom de l'île (*Yang-shan*) où ils se rendent d'ordinaire pour pêcher les pieuvres qui une fois séchées s'appellent *Ming-fu-hsiang*. Les bateaux à pieuvres mesurent 20 pieds de long sur 3 pieds 4 pouces de large et sont de petit tonnage, portant seulement 30 piculs ; ils n'ont que quatre à cinq hommes à bord. Ils coûtent 40 dollars comme frais d'équipage et 120 dollars pour la construction et l'armement. Ningpo compte de 3000 à 6000 de ces petits bateaux auxquels il faut ajouter 4000 appartenant aux districts de *Chinhai* et *Feng hua*, soit 10000 sur les terrains de pêche. Ils s'y rendent au premier jour heureux qui suit le *Li-hsia* (mi-été) et reviennent à la mi-automne *Li-chiu*, soit 3 mois d'absence. L'importation annuelle de sépias sèches apportées à Ningpo par ces bateaux varie entre 40,000 et 120,000 piculs.

Vie des pêcheurs à bord. — J'ai déjà donné plus haut (1) les conditions d'engagement des équipages pour la pêche,

(1) Chapitre III, § Engagement des équipages.

mais j'appris plus tard qu'en plus de leurs gages, le laudah a deux parts dans les bénéfices et le cuisinier une part et demie. Le revenu net d'une bonne saison de pêche peut s'élever pour les *Ta-tuei-chuan*, ou grands bateaux, à 2000 dollars pour les deux campagnes, du printemps et de l'automne. La nourriture des pêcheurs à bord est des plus simples et se compose généralement de riz et de poisson, arrosés de thé et d'un peu de vin ; bien qu'ayant à travailler mouillés par des froids considérables, il est fort rare qu'ils boivent d'alcool en campagne. Mais à terre ils se nourrissent mieux et boivent pas mal d'eau-de-vie, quoique rarement avec excès ; je n'en ai jamais rencontré un en état d'ivresse. Si un homme vient à mourir pendant le voyage, sa famille reçoit une indemnité de 20 dollars destinée à lui acheter un cercueil, car le corps est toujours soigneusement rapporté.

A bord de chaque jonque, l'un des hommes, généralement le plus jeune, a pour mission spéciale de veiller à l'entretien de l'autel de la sainte mère de l'océan *Haishenmu*, dont on trouve toujours une statuette entourée de fleurs peintes dans une niche dorée à l'arrière du bâtiment. Devant cette statuette de la déesse *Kuan-yin* brûlent constamment trois bâtonnets d'encens ; dans les grandes circonstances, on fait la dépense de pétards et de bougies rouges.

La grande pêche emploie un personnel se montant à près de huit mille hommes, embarqués sur environ huit cents jonques dont la moitié viennent du Fokien. Il arrive souvent que des disputes et même des batailles s'engagent entre les pêcheurs des différents ports qui veulent s'approprier le terrain de pêche ; aussi est-il nécessaire de les faire accompagner par des jonques de guerre.

Le produit de la pêche est souvent acheté d'avance ;

dans ce cas, on verse une certaine somme comme arrhes du marché. Certaines espèces de poisson se vendent au poids; d'autres, en plus petit nombre, sont vendus à la pièce; le *Tai-yu* appartient à cette dernière catégorie. Il se prend en hiver avec des hameçons suspendus, de distance en distance, à une longue ligne flottante. Presque tous les autres poissons sont pêchés au filet.

Remarques sur l'armement des jonques de pêche, ancres en bois.— Avant d'abandonner les bateaux, nous avons à faire quelques remarques sur leur armement. Un point des plus remarquables, c'est que, comme tous les navires des côtes boueuses, leurs ancres sont en bois dur renforcées par des anneaux de fer; des plaques du même métal couvrent l'extrémité des pattes. Ces ancres ont l'avantage d'être plus faciles à relever, étant moins lourdes que des ancres de fer; puis elles s'envasent moins que ces dernières qu'on a souvent grand peine à remonter et qu'on perd quelquefois si on n'a pas la précaution de les relever à chaque marée, tant la vase est grasse et molle en certains endroits. Elles sont aussi moins chères que celles en fer. — Comme tous les navires chinois, les bateaux de pêche portent peints à l'avant deux gros yeux de poisson, sans quoi, disent les marins du pays, ils ne sauraient trouver leur route. L'avant des navires est sacré et on n'y doit faire rien d'indécent, aussi la sentine est-elle placée à l'arrière. Le gouvernail est toujours suspendu à un treuil par de fortes cordes, tourne dans une glissière, ce qui permet de le descendre ou de le monter à volonté pour augmenter son action, le soustraire aux chocs ou le remplacer plus facilement ; il est plein et non percé de trous comme celui des jonques du Sud. Lorsque les jonques sont à l'ancre, il est toujours remonté au-dessus de la flottaison. Comme feux de position, ces jonques n'ont qu'une mauvaise lanterne de corne que par raison d'économie on allume rarement, aussi les collisions sont-elles fréquentes avec les navires à vapeur qui en coulent quelques-unes chaque année.

Câbles en bambou, rotin, coir, chanvre, jute, etc. — Les câbles, cordes et lignes employées dans l'armement des bateaux de pêche, varient de nature suivant l'usage auquel ils sont destinés. Le fer étant trop cher, on ne se sert point de chaînes pour mouiller les ancres. Elles sont remplacées par de solides aussières faites de longues et minces lattes de bambou tordues ensemble et souvent recouvertes de « coir », fibre de palmier (bractées du *Chamærops excelsa*). D'autres sont faites en rotin tordu recouvert ou non de coir. Les gros filins sont entièrement faits de cette fibre ou bien en jute (*Corchorus capsularis*, *Sida tiliæfolia*) ou en chanvre (*Cannabis gigantea*, *C. sinensis*). Les lignes de pêche sont filées avec des fibres de Ramié ou Ortie de Chine (*Urtica nivea*); ces dernières sont tannées avec l'écorce du Palétuvier importée du Sud, ou bien avec celle de l'*Acacia julibrizin* commun dans le pays. La paille de riz, les tiges et feuilles de certains roseaux servent aussi pour faire des cordes grossières avec lesquelles on emballe le poisson, etc.

Quelques emplois du bambou. — Le bambou ne sert pas seulement à faire des cordes d'une grande solidité, mais il fournit encore aux pêcheurs un bois d'une grande valeur dans la confection de toutes sortes de paniers, piéges et instruments de pêche. Comme il contient une forte proportion de silice, il est dur, résistant, et presque indestructible. Nul insecte ou ver marin ne peut couper ses fibres tenaces, et on le laisse des années dans l'eau ou dans la boue sans crainte de le voir pourrir. Son élasticité est fort bien utilisée dans la construction des paniers-piéges où il cède sous la poussée du poisson, puis revient fermer le passage aussi bien qu'un ressort d'acier. On pourrait presque appeler le bambou un acier végétal, tant il possède certaines qualités de ce métal.

Dans les rivières et les canaux il sert à former des barrages flexibles qui, s'inclinant sous la pression des bateaux, ne nuisent en rien à la navigation. A bord, on le fixe en tringles parallèles en travers des voiles, ce qui leur donne, même sous l'effort du vent, une surface sensiblement plane, condition des plus avantageuses pour l'utilisation aussi complète que possible de la force de propulsion, et grâce à sa légèreté et à sa dureté, il augmente la force de résistance de la voilure sans en augmenter grandement le poids. Cette disposition des voiles permet aussi de prendre très-facilement des ris en amenant la voile plus ou moins. C'est aussi à cet ingénieux système de voilure que les jonques doivent de pouvoir naviguer aisément au plus près du vent et de louvoyer facilement. Les entre-nœuds du bambou servent de flotteurs et de bouées, tandis que les tiges entières fournissent d'excellents manches de gaffe, hampes de lances, de harpons, etc.

Hutte portative. — Chaque navire de pêche porte aussi à fond de cale une hutte entière, faite de bambous et de nattes de bambou, le tout roulé en quelques paquets prenant fort peu de place. Pendant la saison de pêche on débarque ces matériaux sur le premier rocher venu, et il suffit d'une demi-heure pour monter un excellent abri, en forme de toît et sous lequel habiteront les hommes chargés de faire sécher le poisson.

CHAPITRE IX.

Réglements de douane, passeports, papiers de bord, etc. — Droits de tonnage, etc. — Droits d'exportation sur les produits des pêcheries. — Agences de pêche, *ya-hang*. — Fabrique d'hameçons. — Industrie des filets à *Sha-chi* et *Lu-te*, moyens primitifs de fabrication, rouet curieux. — Etirage des filets. — Dimensions d'un grand filet à pieuvres, tannage et vernissage. — Diverses sortes de filets. — Description d'une maison et de son mobilier. — Canaux à niveau constant et écluses singulières. — Machines élévatoires. — Bambous monstrueux. — Coquilles colossales de *Dipsas plicatus*. — Perles artificielles. — Perles vraies de *Meleagrina*. — Perles de grosseur extraordinaire.

Réglements de douane. Passe-ports. Papiers de bord, etc. — Avant de partir pour les stations de pêche, chaque navire des trois premières catégories doit se munir d'un permis de sortie timbré au tribunal du préfet. Ce permis, pris une fois pour toutes, peut servir à tout navire de la même catégorie, mais il doit être renouvelé en cas de perte. Un droit de timbre de 2,400 sapèques (10 fr.) est perçu pour les navires de 1re et 2e classe, ceux de 3e classe ne paient que 1,400 sapèques. Ce permis, qui n'est autre chose que ce qu'on appelle ici les papiers de bord, contient les noms du capitaine et des hommes. Sous chaque nom on indique l'âge, la couleur du visage, la taille (grande, moyenne ou petite), les signes particuliers, la présence de la barbe ou son absence, la forme des lignes de la peau à l'extrémité de chacun des doigts, soit qu'elles forment un cercle, un carré ou un ovale, etc. Chaque homme a aussi un numéro spécial. La quantité et la nature des armes se trouvant à bord doivent aussi être indiquées. Mais le timbre du préfet ne suffit pas, il faut que ce document reçoive encore les grands timbres rouges et carrés du mandarin militaire, de l'officier des douanes et du gouverneur du port de *Shih-pu*, où les jonques se rendent souvent ; un droit de 35 sapèques est perçu pour chacun de ces timbres.

Droits de tonnage, etc. — Ces formalités remplies, le navire doit encore, avant de quitter le port, payer les droits de tonnage. Comme il serait trop long de prendre toutes les mesures nécessaires pour établir la jauge exacte d'une jonque, les chinois ont trouvé plus simple d'employer la méthode empirique que voici : On mesure la longueur du maître-bau, *Leang-Fou* et on calcule les droits d'après la table suivante :

	Pieds.		Taëls.
Longueur du maître-bau	4	Droits à payer :	0.400
Id.	5	id.	0.500
Id.	6	id.	0.720
Id.	7	id.	0.980
Id.	8	id.	1.280
Id.	9	id.	1.620
Id.	10	id.	2.200
Id.	11	id.	2.420
Id.	12	id.	2.880
Id.	13	id.	3.380
Id.	14	id.	3.920
Id.	15	id.	4.500

Ces droits payés, les navires peuvent quitter le port de Ningpo, mais à l'entrée de la rivière, à Chinhai, ils doivent encore, avant de sortir en mer, faire timbrer de nouveau leurs papiers par le préfet, le mandarin militaire et l'officier des douanes de ce port, soit un nouvel impôt de 35 sapèques pour chaque timbre. Au retour, ils ont à passer de nouveau par les mêmes formalités et les mêmes dépenses. Comme la plupart des pêcheurs sont illettrés et peu au courant de toutes ces formalités, ils sont incapables de s'en occuper eux-mêmes, aussi chargent-ils de ces soins des agences appelées *Pao-shui-hang* « maisons de garanties maritimes » qui se chargent d'obtenir les passeports, les papiers de bord et les reçus pour la perception des droits, moyennant une commission de 20 0/0 sur les déboursés.

En route et sur les terrains de pêche, les capitaines des jonques sont tenus de montrer leurs passeports et papiers lorsqu'ils sont demandés par les commandants des bâtiments de guerre chargés de la police.

Au retour, ils ont à payer des droits d'entrée sur le poisson sec ou les coquillages ; ces droits sont de 0.01 taels pour les coquillages et de 0,08 taels pour le poisson sec. Un reçu est toujours donné après paiement.

Droits d'exportation sur les produits des pêcheries. — Comme plusieurs des produits des pêcheries sont réexportés par des navires étrangers et paient des droits de sortie à la Douane Impériale dirigée par des étrangers, je donne ici une liste de ces articles avec les droits d'exportation qu'ils ont à acquitter par picul :

Articles.	Par Picul.	Tarif en Taels
Poissons salés	»	0.180
Poissons fumés	»	0.500
Sépias séches	»	0.180
Entrailles de poissons	»	1.000
Peaux de poissons	»	0.200
Ichthyocolle	»	0.650
Moules séchées	»	0.200
Coquilles d'huîtres et autres	»	0.090
Chevrettes séchées	»	0.360
Herbes marines	»	0.150
Ailerons de requin en peau	»	0.500
» » préparés	»	1.500
Peaux de requin	le cent	2.000

Les articles non mentionnés paient 5 0/0 de la valeur.

Agences de pêche. — La plupart des marchés ou transactions, entre les pêcheurs, les marchands de poisson, les armateurs et les autorités, sont entreprises par des maisons spéciales ou agences appelées *Ya-hang*. Aucune de ces agences ne peut faire d'opérations commerciales sans en avoir obtenu permission par une patente. Ces patentes leur sont octroyées par le trésorier général de la province, le *Fan-tai*, moyennant paiement une fois pour toutes de 400 taëls ou onces d'argent (2,800 fr. environ). C'est par l'entremise de ces maisons que l'on achète ou vend le poisson, qu'on paie les différents droits de sortie ou d'entrée à l'intérieur (Likin) et les services de deux officiers de police, l'un civil, l'autre militaire, chargés de maintenir le bon ordre sur le marché, au moment des grands arrivages. La commission perçue par ces agences se monte à 7 0/0.

Fabrique d'hameçons. — Avant de quitter ce faubourg de Ningpo, je vais visiter une fabrique d'hameçons, la seule qui existe dans le pays. C'est tout simplement une misérable boutique de forgeron où trois ou quatre ouvriers travaillent constamment à fabriquer ces petits engins de pêche. Chacun d'eux est assis devant une table basse mais fort épaisse, sur le dessus de laquelle est fixée une petite enclume d'un pouce carré, faite d'un bloc d'acier trempé à arêtes vives. Un marteau d'acier, une lourde lime glissant dans un anneau qui en soutient l'une des extrémités tandis que l'ouvrier la pousse de l'autre, un petit instrument pour courber les hameçons, deux coins sertis par un collier et entre lesquels on fixe le fil de fer au moyen d'un troisième coin : voilà tout le matériel d'exploitation.

On dresse d'abord le fil en l'étirant entre les deux coins de bois qui forment manche, lorsqu'un coup de marteau a fixé entre eux le troisième coin. L'ouvrier introduit alors l'extrémité libre du fil dans une rainure pratiquée sur une plaque de bambou fixée à la table, puis il la lime en pointe. Il place ensuite cette pointe sur le bord coupant de l'enclume et au moyen d'un ou de deux coups de marteau adroitement donnés, fait une encoche qui forme le barbillon. Il prend alors un morceau de bambou à l'extrémité duquel sont enfoncés un clou et une petite plaque de fer recourbée; il introduit le barbillon entre ces deux objets et en un tour de main donne à l'hameçon une double courbure. Il ne reste plus qu'à détacher l'hameçon et à en façonner la tête, ce qui se fait en une seule opération, ainsi qu'il suit : L'ouvrier introduit la courbe de l'hameçon dans un crochet fixé à un pouce de l'enclume sur le bord de laquelle il pose le fil de fer qu'il frappe, un peu à plat, de quelques coups de marteau qui coupent le fil en l'aplatissant. Tout cela se fait en un clin d'œil et au bout d'une heure la table est couverte d'hameçons que l'on chauffe, puis qu'on trempe dans l'huile, ce qui leur donne de l'élasticité et les empêche de rouiller.

Industrie des filets à Sha-chi et Lu-te. — Ayant décrit les bateaux et leur armement, il nous reste encore à examiner en détail les différentes sortes de filets et leur fabrication. Tous les filets sont fabriqués dans deux ou trois endroits seulement. Le plus important est le département de *Tai-chou* à 140 milles au Sud de Ningpo. Le travail est fait chez les particuliers, car il n'y a point de fabriques proprement dites. On les transporte de là à *Kia-tsze*, un village à 100 *li* (10 lieues) de *Tai-chou* et voisin du port de *Hai-men*. C'est là que les pêcheurs des environs vont les acheter. Quant aux gens de Chusan et de Ningpo, ils se procurent leurs filets à l'entrée de la rivière, dans la ville de *Chin-hai* qui sert d'entrepôt, car ils sont faits aux deux villages de *Lu-te* et de *Sha-chi* situés à deux heures de Ningpo du côté du Nord-Est. Le premier de ces villages est placé sur le bord même de la rivière, tandis que le second est sur un canal tributaire du même cours d'eau. Les bateaux chinois étant extrêmement lents et incapables de lutter contre la marée, j'empruntai le canot du Directeur des Douanes, monté par quatre vigoureux rameurs chinois instruits à l'européenne, et en moins d'une heure et demie je me trouvai au pied des écluses du village de *Sha-chi*, bien que nous ayons eu à lutter contre une forte marée baissante. Le village de *Sha-chi* est bien bâti et assez propre, les habitants sont dans une aisance relative; je les trouvai aimables et polis et pus sans peine aucune visiter plusieurs maisons et même pénétrer dans tous les appartements sans les fâcher. Toute la population est employée à l'industrie des filets, tous travaillent suivant leurs forces et leurs moyens. Les hommes font la grosse besogne, cultivent la terre et récoltent trois fois par an les tiges d'*Urtica nivea* qui fournissent la fibre textile que les femmes préparent patiemment pendant l'hiver. Les enfants des deux sexes aident leur parents de bonne heure dans leur travaux.

Moyens primitifs de fabrication. Rouet curieux. — La fibre du Ramié est enlevée au moyen des ongles ; ces bandelettes, longues de 3 à 4 pieds, larges de 1 à 2 millimètres sont soigneusement liées bout à bout par un nœud de tisserand et réunies en paquet. On les soumet alors à un lavage énergique en les battant sous l'eau avec un maillet de bois, puis on les expose à l'action de la rosée lorsqu'on désire les blanchir, mais pour les filets on s'en donne rarement la peine. On pelotonne soigneusement le tout et on passe à l'opération du tordage. A cet effet on place deux pelotons de fibres dans un baquet plat avec un peu d'eau. Ce baquet est déposé à terre derrière un banc sur lequel s'asseoit l'enfant qui sert le rouet situé en face à une distance d'environ 50 pieds. Ce rouet, bien que très-effectif, est d'une construction toute primitive. Il consiste en une roue faite d'une double série de rayons de bambou reliés à leur extrémité par une corde dont les zigzags remplacent les jantes de la roue ; cette corde est toujours tendue, grâce à l'élasticité des rayons.

Une corde plate et sans fin passe sur cette roue et mène une série de deux crochets également en bambou. Un bâton tenu à la main et introduit entre les rayons sert de manivelle. Nos premiers pères ne devaient pas avoir de machines plus compliquées que ce rouet, qui est sans doute tel que l'inventèrent les premiers cordiers du Céleste-Empire, vers l'an 3000 avant notre ère ! Tous les autres instruments rappellent les anciens âges de l'homme ; c'est ainsi que ces braves paysans de *Sha-chi* ne se servent jamais de ciseaux ou de couteaux pour couper leur fil ; ils trouvent plus simple et plus économique de faire cette opération au moyen d'un tesson de porcelaine fixé sur le montant du rouet original que nous venons de décrire.

La ficelle est formée de deux brins d'abord tordus séparément à droite, puis à gauche quand ils sont réunis. Deux longueurs de 50 pieds sont ainsi tordues en deux opérations et quelques tours de rouet, puis réunies bout-à-bout et enroulées sur une grande bobine placée à côté du fileur. Toutes ces opérations sont faites en quelques instants avec une méthode parfaitement calculée pour obtenir la plus grande somme de travail possible dans le minimum de temps employé.

Les instruments dont se servent les fabricants de filets consistent en une navette exactement pareille à la nôtre et un moule ou calibre qui au lieu d'être rond est plat ; le tout en bambou.

Etirage des filets. — Les filets une fois faits sont pendus au mur et chargés de pierres à leur partie inférieure, afin de les étirer et de bien former les nœuds. Comme cette opération serait impraticable pour les grands filets de 216 pieds de long, on emploie la méthode suivante. Le filet est placé en travers sur une série de supports composée de deux bancs et d'une échelle d'environ 12 pieds de haut, dressée entre les deux bancs. Les extrémités du filet sont solidement fixées à terre au moyen de pieux. L'étirage s'obtient au moyen de quelques lourdes pierres posées sur un cadre de bois que l'on place sur le filet entre l'échelle et les bancs. On augmente les poids peu-à-peu et on laisse l'appareil en place pendant 24 heures. Pendant ce temps on examine les mailles, on répare celles qui ont cédé et on coupe les bouts de ficelle qui dépassent, enfin on donne la dernière main au filet qu'on roule ensuite pour le marché.

Dimensions du grand filet à pieuvres, etc. — Un bon ouvrier travaillant douze heures par jour ne met pas moins de trois mois pour terminer un filet à pieuvres (*Ta-meng*). Ces immenses filets mesurent 216 pieds de longueur sur 76 pieds d'ouverture et valent 30 dollars non montés. Avant de pouvoir s'en servir, il faut renforcer l'ouverture en y fixant une bonne corde, puis y attacher des flotteurs d'un côté, des plombs de l'autre. Enfin, il faut faire subir au filet l'opération du tannage qui doit le protéger contre la pourriture, tout ceci donne au filet achevé et prêt à servir un prix de 33 ou 35 dollars.

Tannage et vernissage. — Pour tanner les filets on se sert d'une sorte de baquet cylindrique de 6 pieds de haut sur 3 de large, et dont le fond est formé par une chaudière hémisphérique en fonte, encastrée dans un fourneau de briques. On prépare dans cette curieuse chaudière de bois une décoction bouillante d'écorce de palétuvier dans laquelle on plonge les filets jusqu'à saturation parfaite, ce dont on s'aperçoit lorsqu'ils ont acquis une teinte d'un brun presque noir. On les étend à sécher au soleil, puis on les trempe dans du sang de porc additionné d'alun, cette opération fixe la teinture et donne aux filets une sorte de vernis imperméable. Tous les ans on renouvelle et la teinture et le vernis, moyennant quoi un filet peut durer plusieurs années.

Diverses sortes de filets. — On fabrique à *Sha-chi* prés de quarante espèces de filets de diverses grandeurs. La plupart ressemblent aux nôtres ; j'ai retrouvé là : l'épervier, la seine, l'épuisette, le filet plongeant, le filet sac, etc.; cependant, j'ai remarqué quelques filets essentiellement chinois. L'un d'eux consiste en une série de douze poches placées l'une à côté de l'autre sur une perche en bambou. Il y a encore : le filet à grenouilles ayant la forme d'une boite carrée ; le *Kan-tseng* qui ressemble au précédent, est monté sur une forme d'osier qu'on tient de la main gauche, tandis que de la droite on secoue dans l'eau un cadre triangulaire garni de rouleaux de bambou ou d'anneaux de métal. Le bruit effraye le poisson qui se précipite dans le filet boîte ayant la forme d'une pyramide tronquée ouverte sur un des côtés. Le *Kan-tseng* peut être manœuvré, soit du bord d'un bateau, soit en marchant simplement dans l'eau. Dans les canaux où l'eau n'est pas très-profonde, on étale parfois ces filets d'un bout à l'autre ; des pêcheurs prennent alors une seine et poussent les poissons dans les filets. Les dimensions d'un de ces filets sont les suivantes : hauteur, $0^{m}35$, largeur, $0^{m}50$, profondeur, $1^{m}2$.

Le filet à pinces a la forme d'une gigantesque paire de mouchettes. De forme triangulaire, il est formé de deux parties fixées aux extrémités de deux longs bambous articulés l'un sur l'autre au moyen d'une cheville.

Je remarque encore un filet triangulaire pour la pêche à marée basse sur les fonds de sable. Monté entre deux bambous écartés en V, et dont les pointes sont armées de cornes de bœuf pour faciliter le glissement sur le fond, il ressemble de tout point à celui qu'emploient les pêcheurs normands sur les grèves du Mont Saint-Michel.

Achat de filets, etc. — Je profitai de mon passage à *Sha-chi* pour visiter plusieurs maisons et acheter toute une collection de filets destinés à l'exposition de pêche de Berlin. Aussi je fus bien reçu partout et l'embarras était souvent de se débarrasser d'une foule d'individus qui voulaient absolument me forcer d'acheter leurs ouvrages ; les femmes surtout étaient infatigables et m'obsédaient tellement que je dus dans plusieurs maisons les mettre à la porte en usant doucement de la force.

Aussi la première précaution que je prenais, en entrant dans une maison, était de barricader toutes les issues. On parlementait à travers la porte et on ne laissait entrer les gens qu'un à un.

Prendre des notes, marchander et acheter eût été chose impossible à une seule personne ; aussi, avais-je emmené avec moi un ami, M. J. Neumann, chargé de m'aider dans ces transactions et qui avait aussi sa part dans la préparation des collections d'objets de pêche, la partie concernant l'histoire naturelle m'étant exclusivement confiée. Pendant que mon collègue discutait les prix et attirait sur lui seul toute l'attention des intéressés et des curieux, je m'échappais sans bruit dans quelque coin tranquille où, suivi d'une ou de deux personnes qui me donnaient les renseignements demandés, je prenais mes notes au crayon.

Description d'une maison et de son mobilier. — C'est ainsi que je pus arriver à visiter en détail et à prendre le plan exact et l'inventaire complet d'une maison neuve à un étage que je prendrai comme type des habitations de ce village. Cette maison, construite entre deux rues et précédée d'une petite cour, était habitée par un fabricant de filets employant quelques ouvriers qu'il payait à la journée ainsi qu'il suit : les hommes recevaient 200 sapèques par jour, les femmes 40 et les enfants 35. La nourriture était à la charge de chacun et représentait la moitié de la paye des hommes, soit 100 sapèques par jour. C'est en économisant ainsi sapèque sur sapèqne pendant des années, que le bon vieux *Chang* avait pu amasser une petite aisance, d'ouvrier devenir patron et aussi locataire d'une jolie maison neuve.

La maison proprement dite, bâtie en briques, se composait de ce qu'on appelle un *chien* (prononcez tchiène), unité de grandeur employée pour la classification des maisons pour l'impôt et qui représente la distance constante d'une ferme du toît à l'autre, distance d'environ douze pieds. La façade mesurait donc 12 pieds de longueur, la profondeur qui n'était autre que la longueur de la maîtresse poutre était de près de 25 pieds. Divisée au centre par une cloison de bois, cette habitation contenait quatre pièces ; deux au rez-de-chaussée et deux au premier. On accédait à ces dernières par un petit escalier en échelle de meunier. Les murs n'ayant qu'une épaisseur de brique, la toîture, toujours lourde, reposait sur des colonnes de bois encastrées dans les murs. Aussi quand on construit une maison en Chine, commence-t-on par élever le cadre en bois, puis on fait la couverture ; on construit enfin les murs, les fils à plomb tombant du toît. La maison dont nous parlons coûtait toute neuve au propriétaire la modique somme de 120 dollars.

La porte d'entrée tenant lieu aussi de fenêtre, donnait accès dans la pièce principale servant de salon ou de résidence de jour à la famille du vieux Chang, composée de deux fils et d'une bru.

Le mobilier de cette pièce, dont la terre battue formait le plancher, se composait de deux tables, de quatre bancs et d'une espèce de dressoir formé d'un énorme bloc de bois de Catalpa, soutenu sur deux pieds grossièrement sculptés. Ce meuble était placé contre la cloison du fond, au-dessous d'un grand tableau sur papier, représentant une carpe monstre sautant sur les eaux agitées, accompagné de deux inscriptions verticales.

Pendant que mon ami s'occupait de filets et buvait une tasse de thé avec le père de famille, je pénétrai doucement dans la pièce voisine d'où je fis fuir une jeune beauté rougissante, la nouvelle épouse du fils aîné. Abandonnant le fourneau et le repas qu'elle préparait, elle alla en courant se réfugier chez sa voisine. Je commençai par pousser le verrou derrière la fugitive, puis inspectai la cuisine qui avait l'avantage sur le salon d'être éclairée par une petite fenêtre à carreaux de papier. Le mobilier se composait d'une armoire en bambou renfermant des bols et des soucoupes en porcelaine commune accompagnés de petites tasses à thé, de quelques bâtonnets et d'un couteau à hacher la viande ; c'était là tout le service de table. Il y avait encore une table, une chaise grossière en bambou et divers objets pendus au mur, tels que tamis, passoirs, écuelles, couvercles de chaudières en bois ou en bambou. Contre le mur de gauche se trouvait l'escalier et une sorte de cheminée fourneau sans conduit ; sur le charbon bouillait une théière en cuivre. A côté se trouvaient deux grands pots de terre, posés l'un sur l'autre et renfermant les cendres et le charbon. Entre la porte et la fenêtre s'élevait un fourneau en briques s'avançant jusqu'au milieu de l'appartement et dans lequel étaient encastrées à demeure deux chaudières hémisphériques en fer, chauffées au moyen de tiges de roseau ; un petit conduit percé à hauteur d'homme servait de cheminée.

Ne me croyant pas observé, j'escaladai rapidement l'escalier et allais pénétrer dans la chambre des époux, lorsque le jeune mari courut après moi, m'assurant, pour me retenir, que sa femme y était. En pareil cas, il m'eût été impossible d'aller plus loin sans offenser gravement mes hôtes. On sait qu'en Chine il est formellement interdit aux hommes de pénétrer dans les appartements des femmes. Heureusement que l'oiseau était envolé ; quelques compliments bien placés m'ayant conquis la faveur du jeune homme, il m'introduisit lui-même dans la fraîche chambrette encore ornée des fleurs et des bougies de la noce, qui ne remontait qu'à vingt jours de date. C'était une vraie fortune, car tout était propre et flambant neuf. Dans un retrait, empiétant sur la chambre du vieux père, se dressait un lit monumental, véritable cage en bois verni, formant corps avec une sorte d'alcôve avancée, dont les panneaux à jour, ainsi que le fronton, étaient décorés de peintures sur gaze. C'était un véritable lit-chambre, remplissant à lui seul la moitié de l'appartement et sortant d'une des bonnes maisons de la rue des marchands de meubles à Ningpo.

Ce meuble luxueux, le plus bel ornement de la maison, ne coûtait pas moins de 23 dollars, somme bien humble si l'on considère la richesse inouie des mobiliers de Ningpo, célèbre dans toute la Chine. Certains lits sculptés et incrustés d'ivoire et de bois de couleur, fabriqués par la maison *Sung-Sing-Kung*, ont été vendus pour des sommes variant de quinze à vingt mille francs à l'Exposition de Philadelphie. Dans l'alcôve précédant le lit proprement dit se trouvaient : du côté de la tête un petit buffet à tiroirs destiné à recevoir divers objets de toilette, du côté des pieds un coffre à couvercle mobile renfermant un " Water closet " en bois dont le double se trouvait dans un autre coin. Contre le mur à droite uu grand placard fermant à cadenas et orné en son milieu d'un disque de cuivre simulant la lune, renfermait tout le trousseau du jeune marié ; celui de la jeune femme était renfermé dans trois coffres en bois recouverts de cuir de porc verni à la laque rouge. En face s'élevait l'autel des dieux domestiques orné de quatre chandeliers d'étain, ayant encore les bougies rouges de la noce. Une peinture commune représentant le dieu de la richesse, le prince dragon et le génie de la longévité, était suspendue au-dessus et accompagnée de quatre bandes verticales portant des inscriptions appropriées, souhaitant aux époux de longs jours et beaucoup d'enfants mâles. Dans un coin, je remarquai deux chaufferettes en cuivre et quelques grands bassins de bois verni destinés aux ablutions, puis des vases en étain à gros ventre renfermant du thé de l'année. En face du lit s'ouvraient les fenêtres prises dans une cloison établie sur toute la façade à hauteur d'appui; des volets glissant dans des rainures à l'intérieur de l'appartement, permettaient de défendre ces fenêtres contre l'entrée des voleurs. Sous celle du milieu était une table et un banc sur lequel s'asseyait la jeune maîtresse du logis pour orner sa tête et son visage, ainsi que l'indiquaient un miroir et une boîte à toilette encore ouverte. Je profitai de la circonstance pour examiner les boîtes à fard et à cosmétiques, le pot à bandoline et apprendre du mari tous les petits secrets du boudoir. Par contre j'eus à subir nombre de questions au sujet de la toilette des femmes européennes ; elles me pardonneront, je l'espère, d'avoir dévoilé ainsi quelques-uns de leurs artifices. Je leur permets volontiers de m'accuser d'être aussi curieux qu'elles, car elles seraient peut-être bien aises de savoir ce que j'ai pu apprendre au prix de ces indiscrétions. Mais je m'écarterais trop de mon cadre scientifique et une digression de ce genre m'entraînerait dans des détails beaucoup trop spéciaux et dont la place naturelle se trouverait plutôt dans un journal de modes ou même dans la revue si caustique appelée " La Vie Parisienne ".

Tous les meubles dont nous venons de parler étaient vernis à la laque vermillon, la couleur des réjouissances et des fêtes en Chine, où la toilette de noce est également rouge vif. Plus sombre et plus triste était la chambre du vieux père située derrière l'appartement des jeunes gens. Là point de meubles vernis; une couverture ouatée jetée sur un cadre de bois élevé de deux pieds au-dessus du sol et recouvert d'une mauvaise moustiquaire composait tout le couchage; un coffre ou deux en bois non peint renfermaient les vêtements et les économies du vieux. Des urnes remplies de riz, un rouet, des paniers pleins de pommes de pin et de charbon de bois, une petite table et un banc constituaient tout le mobilier.

D'anciennes caisses d'emballage ayant apporté à Ningpo des allumettes anglaises étaient aussi empilées contre le mur auquel étaient accrochées deux lanternes. Sous le toit quelques fagots et des instruments d'agriculture et voilà l'inventaire terminé. Tout le mobilier contenu dans cette maison valait environ 100 dollars.

Canaux à niveau constant et écluses singulières. —

En sortant de chez ces braves gens, je continuai ma promenade le long d'un canal coupant le pays entre deux coudes formés par la rivière de Ningpo. Comme la marée monte dans cette dernière et en fait varier fortement le niveau en rendant aussi les eaux saumâtres et impropres à la culture du riz, il importe que les champs ne soient point envahis par l'eau de la rivière, ni situés trop au-dessus du niveau du canal dont les eaux ne doivent point non plus se mêler à celles du fleuve. Pour arriver à maintenir un niveau constant dans ces canaux servant à l'irrigation des rizières, on ferme leurs extrémités aboutissant aux rivières à marée au moyen de digues dont le niveau supérieur est plus haut que l'étiage des grandes eaux. Mais comme il ne faut point entraver la navigation, ces barrages sont construits en pente douce de chaque côté et deux cabestans grossiers, manœuvrés simultanément, servent à faire remonter aux bateaux ces écluses d'un nouveau genre. Arrivé sur la crête le bateau bascule et glisse rapidement à l'eau. Pour faciliter l'opération, les deux plans inclinés sont garnis d'une forte couche de terre grasse maintenue humide au moyen d'arrosages fréquents. Il m'est arrivé dans mes voyages aux environs de Ningpo d'être précipité de cette façon d'une hauteur de plus de 15 pieds.

Machines élévatoires. — Dans les grandes pluies, lorsque le canal menace de déborder, on ouvre une porte située à côté des plans inclinés et formée de planches superposées glissant dans des rainures. On arrive ainsi à maintenir les eaux du canal à un niveau constant, généralement un pied au-dessous du niveau des berges. Pour introduire l'eau dans les champs de riz on se sert d'une machine d'invention chinoise, une sorte de Noria formée d'une série de plaques de bois ajustées snr une chaîne sans fin glissant dans un canal de bois. Un mouvement continu est donné à cet appareil grossier, mais très-effectif, au moyen d'une grande roue d'engrenage menée par un buffle. Cette machine irrigatoire s'appelle en chinois *Shui-chih* « voiture à eau. »

Bambous monstrueux. — En suivant ce canal pendant une demi-heure, j'arrivai au charmant petit village de *Lu-te* bâti à la jonction du canal avec la rivière. Là je visitai encore quelques maisons de fabricants de filets et examinai en détail une pagode bien entretenue, bâtie au bord même de l'eau. A l'entrée se trouvaient à droite et à gauche deux niches au niveau du sol dans lesquelles étaient disposées des statues en bois et terre, peintes des couleurs les plus vives et représentant des domestiques de tribunal armés chacun d'un fort gourdin de bambou. Tout cela n'avait rien d'extraordinaire, ces statues se trouvant à l'entrée de tout temple bien meublé. Si je retiens ici le lecteur un instant, c'est parce que, pour la première fois, je remarquai le bambou placé entre les mains de ces satellites en bois peint. J'ai eu l'occasion de revoir ces statues à l'entrée de deux ou trois autres pagodes des environs de Ningpo et toujours j'ai trouvé dans leurs mains ce bambou singulier que je n'ai vu nulle part ailleurs et qui est évidemment réservé à cet emploi religieux à cause de sa rareté. Il est curieux en effet et mérite quelques lignes de description.

Le bambou en général est droit, très-légèrement conique, à nœuds régulièrement espacés et à cloisons parallèles ; or, le bambou qui nous occupe se termine rapidement en pointe, n'atteignant jamais une grande hauteur, ses nœuds sont disposés en zigzag et sont même tangents l'un à l'autre, s'entrecoupant quelquefois, ce qui donne l'apparence d'une spire simple ou double. Ils sont aussi très-légérement renflés par le milieu. Les statues de la porte des temples sont armées chacune d'un de ces bambous d'une longueur de 5 à 6 pieds, fendus par la moitié, ce qui permet de voir les cloisons formant une série de cases triangulaires fort curieuses. Malgré tout mon désir de me procurer un échantillon de ces singuliers bambous, je ne pus en obtenir un seul. L'emploi religieux qu'on en fait ne me permettant guère d'essayer de les acheter au gardien du temple que ma demande aurait fort scandalisé et qui m'aurait du reste refusé certainement, je dus me contenter de demander d'où ils venaient. On m'assura qu'ils poussent ainsi faits, et sans aucun artifice de l'homme, dans les montagnes des environs où ils sont d'ailleurs assez rares. Je pense que ce sont des monstruosités naturelles plutôt qu'une espèce particulière de bambous, et de là vient l'usage sacré auquel ils sont affectés(1). Les chinois aiment en effet à placer dans leurs temples tout ce qui leur paraît un *Lusus naturæ* ou un phénomène extraordinaire. C'est ainsi que j'ai pu voir, sur les autels des pagodes, des pierres curieuses perforées par des coquilles lithodomes, des amas de lave affectant des formes originales, des racines d'arbres différents soudées entre elles. Dans la province du Shinking, près de la frontière de Corée, mon ami, Monseigneur Ridel, évêque de ce pays, dessina une magnifique omoplate de baleine que des pêcheurs avaient trouvée sur la côte et déposée sur l'autel de Boudha; c'était à leurs yeux l'os d'un dragon surnaturel !

Coquilles colossales de Dipsas plicatus. — Une autre surprise agréable m'était réservée en cet endroit. J'avais déjà vu à Ningpo les marchands de sel débitant leur marchandise au moyen de truelles faites de magnifiques co-

(1). Il existe au Japon une petite espèce de bambou à nœuds obliques, appelée *Bambusa heterocycla* Carrière.

quilles de *Dipsas plicatus* Lea. Je n'avais pu jusqu'ici savoir exactement si ces coquilles venaient de la province ou de plus loin ; or, j'eus la chance de les trouver à *Lu-te* et *Sha-chi*, où j'en achetai de fort beaux specimens encore recouverts de leur drap marin. Ces magnifiques nayades vivent dans les canaux et dans les eaux calmes des environs, où elles atteignent des dimensions colossales ; j'en possède une qui mesure 8 centimètres d'épaisseur, 27 centimètres de longueur et 17 de largeur de la charnière au bord externe, sans compter l'aile dorsale, malheureusement brisée, qui caractérise cette coquille et mesure souvent plusieurs centimètres. Le *Dipsas plicatus* est aussi connu sous les noms d'*Anodonta Herculea*, Middendorf, d'*Unio plicatus* et de *Symphinota*. Il ne faudrait point le confondre avec l'*Unio alatus*. La coquille de ce dernier, dont j'ai sous les yeux un specimen donné par le P. Heude et provenant de la province du *Kiangsu*, est plus plate (3 centimètres 1/2), beaucoup plus épaisse ; chaque valve possède une dent forte et striée, qui manque entièrement dans le *Dipsas plicatus*.

Le seul ouvrage où cette unionidée ait été bien représentée est celui du P. Heude : " Conchyliologie fluviatile de la province de Nanking et de la Chine centrale ". Dans le cinquième fascicule publié l'année dernière (1879), on trouve deux planches admirablement dessinées, représentant l'intérieur et l'extérieur d'un bel échantillon (24 centimètres) de cette coquille. Dans l'ouvrage de M. Dabry de Thiersant : " La pêche et la pisciculture en Chine ", on trouve à la planche XXXV bis, une assez bonne lithographie représentant le *Symphinota Lhuysii* J. L. Soubeiran et Dabry. En comparant soigneusement ce dessin avec les excellentes lithographies d'Arnoult, illustrant le travail du P. Heude, et avec de nombreuses coquilles de Dipsas, rapportées de *Sha-chi*, je ne puis trouver aucune différence sensible autorisant un changement de nom. L'une de mes coquille appliquée sur la planche de Dabry, coïncide même presque exactement avec le contour de la figure. Malheureusement cette planche n'est accompagnée d'aucune description, nous ne savons donc rien sur la couleur, l'épaisseur, l'aspect de la nacre et la provenance du *Symphinota Lhuysii* qui, d'après ces remarques, ne serait autre que le *Dipsas plicatus* de Lea, commun d'ailleurs dans tous les grands lacs et rivières profondes du bassin du *Yang-tsze*.

Perles artificielles. — Les coquilles de cette belle nayade ne servent pas seulement à faire des écuelles, on en mange la chair bouillie et c'est dans ces coquilles que les Chinois obtiennent les perles artificielles. A Ningpo, j'ai vu aussi de ces coquilles remplies de petites images de Boudha ou de poissons faisant corps avec la coquille. Ces curieuses productions sont obtenues de la même façon que les perles artificielles. Elles proviennent toutes d'un temple des environs de *Hang-chou*, capitale du Chêkiang. Voici comment on procède : On fond d'abord dans un moule de bois des figures d'étain épaisses d'un à deux millimètres. Vers le mois de Mai ou de Juin, on ouvre délicatement des coquilles de Dipsas avec une spatule en nacre; une sonde en fer sert ensuite à séparer délicatement une partie du manteau de la surface de la coquille sur laquelle on introduit les reliefs d'étain au moyen d'une pince faite d'un morceau de bambou fendu. Lorsqu'on a ainsi déposé de 9 à 12 de ces objets en lignes parallèles, on répète l'opération sur l'autre valve. Le mollusque presse sur ces corps irritants et les maintient en place. On dépose alors les coquilles dans un réservoir ou dans un canal d'un à deux pieds de profondeur, à une distance de 10 à 12 centimètres les unes des autres. Au bout de quelques jours, l'irritation produite par ces corps étrangers a fait déposer sur eux une couche de nacre qui les fixe à la coquille et augmente peu à peu d'épaisseur. Les coquilles sont nourries au moyen de matières fécales que l'on verse dans le réservoir cinq ou six fois pendant l'été. On prend grand soin que du fumier de chèvre ne tombe dans les eaux où l'on élève les mollusques ; les Chinois prétendent que cela les empoisonne ou empèche la sécrétion de la nacre, suivant que la quantité du fumier est grande ou petite.

Au mois de Novembre, on ramasse les coquilles à la main et on enlève l'animal. Une paire de ces coquilles chargée de petites figures de Boudha vaut près d'un dollar sur le marché de Ningpo.

Quelquefois on enlève les figures, on détache le moule en étain et on le remplace par de la cire blanche, puis on recolle adroitement le tout sur des coquilles ou d'autres objets. Un chinois m'apporta un jour un superbe échantillon de *Turbo marmoratus* dont l'intérieur avait été ainsi orné de petits boudhas; le rusé marchand m'assurait qu'ils avaient été obtenus sur la coquille même, mais je n'eus pas de peine à les détacher et à lui montrer que je n'étais point dupe de sa fourberie. La plupart de ces figurines sont employées comme ornements ou amulettes que l'on fixe sur les calottes des enfants pour leur rendre les dieux favorables.

Cette industrie n'est à proprement parler qu'une curiosité ; mais dans les villages des environs de *Te-ching* ville de second ordre, située dans la partie Nord de la province du Chèkiang, on fabrique par ce procédé une grande quantité de perles à bon marché ayant tout le lustre et l'apparence de perles véritables. Voici comment on procède, suivant le Docteur Macgowan (1).

« Au mois de Mai ou de Juin, on apporte à *Te-ching*
» de grandes quantités de moules d'eau douce *Mytilus*
» *cygnus* (Ceci est une erreur, les coquilles n'étant autres
» que celles du *Dipsas plicatus*.) Elles viennent du lac
» *Ta-hu* à 30 milles au Nord, et sont transportées dans
» des paniers ; on choisit naturellement les plus grosses.
» Comme elles souffrent pendant le voyage, on leur
» accorde, avant de les torturer, quelques jours de répit
» en les plaçant dans des cages de bambou plongées dans
» l'eau.

» On prépare alors les matrices qui diffèrent quelque
» peu ; les plus communes sont faites avec la boue du
» fond des rivières, séchée, réduite en poudre, malaxée
» avec du jus de baies de camphrier, puis façonnée en
» perles séchées au soleil; elles sont alors prêtes à être
» introduites dans le malheureux mollusque. D'autres
» moules sont faits avec des morceaux de nacre de perle
» ayant un assez bel orient et qui viennent de Canton ;
» ces fragments irréguliers sont roulés dans un mortier
» de fer avec du sable jusqu'à ce qu'ils soient devenus à
» peu près sphériques et polis. Vers le mois de Juin, ces
» moules ou matrices sont introduits dans les coquilles
» et placés entre les plis du manteau, ou dessous sur la
» coquille elle-même. On dépose alors les coquilles dans
» les canaux en quantités variant de 5000 à 50000 et on
» les examine au mois de Novembre. On compte environ
» 5000 familles occupées à cette industrie, dans les vil-
» lages de *Chung-Kwan* et *Sian-Chang-Ngan*. On raconte
» que cette manière de produire des perles fut découverte

(1) « An essay on pearls and pearl-making in China. »

» vers la fin du 14me siècle par un habitant du pays ap-
» pelé *Yu-Shun-Kung*. Un temple lui a été élevé, en re-
» connaissance, et là on rend à son image les hon-
» neurs divins. Il meurt environ 10 à 15 pour cent des
» coquilles, mais il paraît que les gens adroits arrivent à
» n'en perdre aucune. »

Quand les perles n'adhèrent pas à la coquille, elle sont parfaites et n'exigent pas d'autre manipulation; autrement on en extrait la boue par l'ouverture faite au moment de l'arrachage, qui se fait au moyen d'un instrument tranchant, et on y coule de la cire ou de la résine, puis on referme le trou au moyen d'un fragment de nacre habilement taillé. Les perles ainsi obtenues sont fort communes sur tous les marchés et à la portée des plus humbles bourses. On vend quelquefois des coquilles avec des rangées de 20 à 25 perles encore adhérentes à la surface; j'en ai vu ainsi qui étaient fort belles et réunies par un filet de matière nacrée recouvrant le fil qui reliait les perles de boue ou d'étain. On trouve des échantillons de ces curieuses productions de l'industrie chinoise au British Museum à Londres, ainsi que dans plusieurs autres musées d'Europe et d'Amérique.

Perles vraies de Meleagrina. — La vraie moule perlière *Meleagrina margaritifera* se trouve aussi, dit-on, dans les mers de Chine sur les côtes de la province de Canton où se trouvaient autrefois de véritables pêcheries de perles. Mais elles sont, paraît-il, épuisées, car depuis l'arrivée des européens en Chine il n'en a plus été question, et il nous faut recourir aux livres chinois pour en retrouver l'histoire. La pêche se faisait au moyen de plongeurs ou de dragues. Un inspecteur des perles, nommé par le vice-roi de Canton, était chargé d'en récolter une part pour le gouvernement ou de lever des impôts pour cette industrie qui fut, dit-on, très-florissante.

Marco Polo dit que « dans la province de Caindu (Yun-
» nan) est un lac dans lequel on trouve une grande abon-
» dance de perles (blanches mais point rondes). Mais le
» grand Kan en défend la pêche, de crainte qu'elles ne
» baissent de prix. On en pêche seulement de temps en
» temps pour son usage. Toute personne qui en pren-
» drait pour son compte serait incontinent mise à
» mort (1). »

Amyot dit aussi que l'on trouve des perles dans une certaine rivière du Yunnan. Du Halde et Martini mentionnent aussi les perles comme une production de cette province et de celle de Canton. La rivière qui passe dans cette grande ville porte même le nom significatif de *Chu-Kiang* " rivière des perles ". Du Halde écrit qu'on pêche des perles à *Lien-Tcheou-fou*, près du port de Pakhoi, dans le golfe de Tonquin, et que le détroit de Hainan en fournissait aussi autrefois, mais que cette côte en est maintenant entièrement dépourvue. Il ajoute : " On en pêche de très petites sur la côte de la province de *Quangsi*, qni sont très-chères. C'est des Indes qu'il s'en transporte à la Chine " (2). Ce qu'il y a de curieux dans cette dernière citation, c'est que la province du *Quangsi*, même sur la carte qui accompagne sa description dans l'ouvrage du savant jésuite, n'a point de frontières maritimes. L'autour a voulu évidemment parler des pêcheries de perles qu'il a déjà mentionnées à *Lien-Tcheou-fou*, ville de la partie du littoral de la province de Canton, située immédiatement au-dessous du *Kuang-si*. Ce qu'il y a de certain c'est qu'aujourd'hui toutes les perles de *Meleagrina* sont importées

(1) The book of ser Marco Polo the venetian, by colonel Henry Yule. London 1875, vol. II, p. 44-45.

(2) Description de l'Empire de la Chine, etc., par le P. J. B. du Halde. vol. I, p. 233.

de l'Inde chaque année en quantités considérables, car les femmes chinoises ont une grande passion pour ces superbes productions marines.

Perles de grosseur extraordinaire. Dans l'un des temples de l'île de Pootoo se trouve une statuette d'or de la déesse de Merci, haute d'environ 12 centimètres, dont le tronc est une perle monstre. Cette merveille est un cadeau de l'empereur Kang-hi. Nous lisons aussi dans les Annales de la province du Chèkiang *(Chêkiang-tung-chih)*, qu'en l'an 490 de notre ère une perle splendide, figurant assez bien une image de Boudha, et d'une grandeur de 7 centimètres, fut envoyée à la cour de Peking. Il se peut faire que ce soit la même que Kanghi fit monter en or pour l'offrir au sanctuaire de Kuan-Yin. On lit encore qu'un marchand de perles des environs de Ningpo, en l'an 202 avant J.-C., reçut l'ordre d'une impératrice de lui acheter, pour une somme équivalant à 1500 piastres, une perle de 7 centimètres de tour. Une autre princesse de l'Empire l'ayant vue, fut piquée de jalousie et réussit, en offrant au marchand une somme plus considérable, à se procurer une perle de deux centimètres plus grande. Ce sont là sans doute des histoires fortement exagérées, mais qui ne sont rien à côté de certaines fables que l'on trouve sérieusement imprimées ailleurs et qui parlent d'une perle de la grosseur du poing d'un homme, que l'on pouvait voir la nuit à la distance de trois milles et qui avait été trouvée à *Yang-chou*, dans la province du Kiangsu au nord de Ningpo.

CHAPITRE X.

Les roseaux et leur utilité. — Plantes utiles des canaux : alimentaires, médicinales et industrielles. — Elevage des canards, établissements d'éclosion artificielle à Chusan. — Fabriques de chaux de coquilles. — Enumération des principales coquilles fluviatiles qu'on y trouve. — De leur utilisation industrielle. — Pêche aux cormorans, *Phalacrocorax carbo*. — Bateau pour la pêche au clair de lune. — Pêches diverses. — Marché aux grenouilles à Tsie-Kie.

Les roseaux et leur utilité. — En quittant le village de Sha-chi, nous sommes obligés de traverser une crique peu profonde et nous disparaissons entièrement au milieu d'une large étendue de roseaux (Phragmites, Typha, etc.) Ces roseaux sont mis chaque année en coupe réglée et fournissent le combustible employé dans toutes les cuisines du pays. Les bords des grandes rivières de la Chine centrale et particulièrement le cours inférieur du Yang-tsze sont couverts d'immenses étendues de ces roseaux. Ces terrains marécageux appartiennent pour la plupart au gouvernement qui les loue aux riverains; le revenu de cette location est appelé *Lu-Kuo*. L'on coupe les roseaux en automne lorsque les eaux sont basses. On les entasse ensuite en meules énormes et on les vend au poids, un picul valant environ 300 sapèques en été et 100 en hiver. Il arrive souvent que ces meules prennent feu spontanément : j'en ai vu une, plus grosse qu'une maison, qui fut plusieurs jours à brûler et mit en danger tout un village. Aussi est-il strictement défendu par les lois d'emmagasiner les roseaux dans la ville ou les faubourgs.

Presque toutes les parties de ces roseaux sont employées à quelque usage ; les feuilles servent à envelopper des petits gâteaux de riz, de forme triangulaire; les racines infusées fournissent une tisane administrée dans les cas de variole, et les fleurs sont utilisées pour remplir des coussins ou pour ouater les vêtements des pauvres gens qui ne peuvent acheter du coton. Les tiges fendues servent à faire les nattes dont on se sert à bord des bateaux. En temps de disette, on mange aussi les jeunes pousses.

Plantes utiles des canaux : alimentaires, médicinales et industrielles. — C'est aussi au milieu de ces roseaux que j'ai vu cultiver dans l'eau des canaux l'*Hydropyrum latifolium*, sorte de plante aquatique à longues feuilles engaînantes, qu'on apporte par paquets sur le marché de Ningpo et dont les habitants mangent la pousse centrale. Le *Scirpus tuberosus* = *Eleocharis tuberosa*, R. et S., fournit aussi à l'alimentation ses tiges souterraines, appelées châtaignes d'eau, que l'on mange cuites ou conservées dans le sucre. On en prépare aussi une fécule grossière appelée *Ma-ti-fen*.

Le *Scirpus capsularis* sert à faire des nattes et fournit les mèches de lampe.

Les tubercules arrondis du *Cyperus rotundus* et ceux du *Cyperus esculentus* sont employés en médecine, ainsi que les rhizomes de l'*Alisma plantago*. Ceux du *Sagittaria sinensis* sont alimentaires et, par suite, cultivés en certains endroits.

Dans tous les canaux, j'ai rencontré la mâcre d'eau, *Trapa natans*, à l'état sauvage ou cultivé. A l'état sauvage, on trouve plusieurs variétés, caractérisées par le nombre d'épines ou de cornes que porte le fruit; on a ainsi le *Trapa bicornis*, le *Trapa tricornis* et le *T. quadricornis* ou *incisa*. Dans les deux dernières variétés, les fruits sont petits. Le *T. bicornis* = *T. chinensis* Lour. = *T. bispinosa* Roxb., est le seul cultivé; il donne des fruits de la grosseur du pouce, terminés par deux longues cornes recourbées, le tout simulant assez bien une tête de buffle. La plante est appelée *Ling* et le fruit *Ling-chio*; on le récolte en quantités fort considérables en automne. Pour faire cette récolte, hommes, femmes et enfants s'embarquent sur des baquets ronds qu'on pousse avec un long bambou et qui chavirent assez souvent, au grand amusement de tout le monde. Il y a plusieurs variétés du *T. bicornis*; l'une entr'autres produit un fruit d'un beau rouge, fort estimé dans tout l'empire.

L'*Acorus calamus*, dont le rhizome a une forte odeur aromatique, pousse abondamment dans les canaux où les herboristes chinois le recueillent, car il est fort employé en médecine comme un restaurant du corps et de l'esprit. Ses longues feuilles en forme de sabre sont coupées à la fête du dragon, au cinquième jour du cinquième mois de l'année et attachées au-dessus des portes avec celles de l'armoise et des oignons, pour éloigner les mauvais esprits. Son nom chinois est *Chang-pu*, tandis que celui du *Typha Bungeana*, qui remplace dans les eaux chinoises le *T. latifolia* d'Europe, est *Hsiang-pu*. Le pollen des fleurs du *Hsiang-pu* est employé en médecine comme styptique sous le nom de *Pu-huang*. Les rhizomes sont mangés en guise de légumes; on les trouve aussi dans les pharmacies, séchés et coupés en minces rondelles, car on leur attribue des propriétés toniques et diurétiques, mais surtout galactogogues. Les feuilles de l'Acorus et du Typha servent aussi à faire des nattes communes, mais chaudes et épaisses; on en fait aussi des souliers pour les pauvres. Dans les mares, près des villages, et surtout dans les piscines des temples ou les étangs des jardins, on cultive le superbe *Nymphea nelumbo* = *Nelumbo nucifera* Gaertn. = *Nelumbium speciosum* W. que l'on croit identique au lotus des anciens égyptiens. R. Fortune en découvrit dans les jardins de Ningpo une splendide variété fort rare qu'il appela *Nelumbium vittatum*. Les énormes rhizomes du *Lien-hua*, ainsi que les chinois appellent le lotus, se trouvent sur tous les marchés. On les mange crus ou cuits, ou même confits dans du sucre. Séchés et passés au moulin, puis lévigés, ils fournissent une sorte d'arrowroot. Les graines se mangent ou fraîches ou séchées; dans ce dernier cas, on les vend dépourvues de leur dure enveloppe et on en fait une sorte de potage sucré fort apprécié. La fleur est réservée pour les autels de Boudha. Les étamines séchées sont employées comme remède astringent ou comme cosmétique. Les feuilles sont soigneusement récoltées, séchées, et servent comme papier d'emballage. Il n'est pas jusqu'aux longs pétioles qui ne servent en médecine.

La famille des Nymphéacées est représentée par l'*Euryale ferox*, appelé en chinois *Chi-tou* " tête de coq ". Cette plante est aussi fort cultivée pour ses tiges, ses rhizomes et ses graines; toutes ces parties de la plante fournissent une fécule alimentaire. Avec la farine des graines on fait de petits biscuits donnés aux enfants souffrant du gonflement du ventre. Les tortues d'eau (Tryonix) sont fort gourmandes des graines de cette plante (1). J'ai aussi ramassé dans les ruisseaux et sur le bord des canaux tranquilles les petites feuilles ovales d'un Nymphæa dont malheureusement je n'ai pu voir la fleur, c'est peut-être le *Nuphar Japonicum* D. C., appelée en chinois *Ping-peng-tsao*.

(1) Le *Nelumbium speciosum*, l'*Euryale ferox*, le *Sagittaria sinensis*, l'*Arum aquaticum*, le *Trapa bicornis*, le *Scirpus tuberosus*, composent la classe des *Shui-Kuo*, fruits aquatiques.

Bien qu'il ne soit pas cultivé dans l'eau, l'*Arum esculentum* ou Taro, aussi appelé *Caladium esculentum* Vent., *Colocasia esculenta* Schott, est rangé par les chinois dans la classe des fruits aquatiques, probablement parce qu'il est toujours cultivé dans les terres basses et humides près des canaux et demande beaucoup d'eau. Il est fréquent dans les environs de Ningpo et on en trouve sur le marché de fort gros rhizomes. On ne peut le manger que cuit, car on le dit dangereux à l'état cru. L'*Equisetum arvense* L. commun dans les endroits humides, est ramassé et séché. Il sert comme lime et polissoir aux ouvriers ébénistes de Ningpo.

J'ai aussi remarqué sur les eaux l'*Hydrocharis asiatica* Miq. et le *Salvinia natans* Hoff., cette dernière plante est surtout commune dans les environs de Hang-chou.

Me promenant un jour sur le bord du canal qui joint Ningpo à Chinhai, j'observai un gardeur de canards qui jetait à ces oiseaux une quantité de plantes aquatiques sur lesquelles ceux-ci s'élançaient avidement. Ces plantes consistaient principalement en *Myriophyllum spicatum* L., *M. verticillatum* (*Shui-tsao*), *Utricularia*, *Lemma gibba*, mais surtout en *Potamogeton crispus* L. (*Mâ-tsao*), qui croît abondamment dans les mares des environs où on le récolte pour le donner aux canards dont il fait la nourriture favorite.

Elevage des canards, établissements d'éclosion artificielle à Chusan. — On voit souvent d'immenses bandes de canards dans les champs de riz après la récolte, ils s'y repaissent des grains échappés aux épis et aussi sans doute des paludines et autres coquilles d'eau douce qui se trouvent en abondance dans les rizières. Ces canards sont sous la garde d'un homme ou d'un enfant armé d'une longue tige de bambou en feuilles avec laquelle ils dirigent leur troupeau aquatique. Ces palmipèdes sont presque tous importés de Chusan où il existe des établissements d'éclosion artificielle fort intéressants. Ils se composent d'un hangar couvert. Le long du mur se trouve un long fourneau de briques chauffé par l'extérieur. Sur ce fourneau sont disposés de nombreux paniers en paille de riz dont le fond est formé d'une forte tuile. Ils sont aussi enduits de terre grasse à l'extérieur et ferment hermétiquement au moyen d'un couvercle de paille tressée. Les œufs sont placés dans ces paniers et chauffés pendant quatre ou cinq jours à une température de 35° à 38° centigrades. On les mire alors un à un en les appliquant sur un trou un peu plus petit que l'œuf et percé dans la porte du hangar. Les œufs clairs sont mis de côté, les autres sont replacés dans les paniers. Après neuf à dix jours on les enlève pour les placer sur de longues tablettes de bois fixées au mur. Ils restent là quinze jours encore, recouverts d'une étoffe de coton qui empêche la déperdition de la température. Au bout de ce temps les petits canards brisent leur coquille et sont recueillis au fur et à mesure par un surveillant qui sait d'ailleurs exactement le jour et l'heure auxquels il doit attendre les éclosions. Il n'est pas rare de rencontrer sur les routes des coulies portant des paniers remplis de jeunes cannetons fraîchement éclos.

Fabriques de chaux de coquilles. — En descendant la rivière pour rentrer à Ningpo, j'aperçus sur le rivage une construction parfaitement blanche, qui attira mon attention. Je débarquai aussitôt et me trouvai dans une fabrique de chaux de coquilles.

Ces fabriques consistent en une enceinte de bambous, dans laquelle on trouve un magasin pour la chaux, un four et des tas de coquilles marines et fluviatiles. Les premières viennent des îles Chusan, les secondes sont apportées des canaux des environs et aussi des lacs et canaux de la province voisine du Kiangsou.

Les huîtres, qui sont fort grosses et très-lourdes, fournissent la meilleure chaux et sont mises à part. Il en est de même des épaisses coquilles d'Unio, qui fournissent la seconde qualité de chaux, tandis que les minces coquilles de corbicules fournissent la qualité inférieure.

Le four consiste en une sole semi-circulaire et au niveau du terrain, sur le diamètre de laquelle s'élève un mur aussi semi-circulaire et de 7 à 8 pieds de haut. Les coquilles sont mélangées à du poussier de charbon de terre et le tout, entassé sur la sole et contre le mur, forme un amas arrondi. Un amas pareil, mais en briques maçonnées, soutient le mur et donne à l'appareil chargé une forme hémisphérique. Dans ce massif de maçonnerie est creusé un tunnel fermé d'une porte tournant autour de gonds, situés non sur le côté mais à sa partie supérieure, ce qui lui permet de parcourir un secteur d'environ 30°. Cette porte, pendant sa rotation, s'applique exactement aux parois du tunnel et à la surface inférieure qui est courbe. La porte est manœuvrée au moyen d'un long bâton attaché à sa partie inférieure où se trouve également une large soupape. Le tout forme un vaste soufflet, chassant l'air dans les coquilles par une ouverture de quelques centimètres carrés, située au milieu du diamètre de la sole. Un coulie fait constamment aller et venir cette porte-soupape et lance ainsi sans peine un volume d'air considérable dans le tas enflammé, qui n'est bientôt plus qu'une masse embrasée. Au bout de quelques heures de refroidissement, on enlève la chaux et on en sépare les escarbilles par le broyage et le tamisage. La chaux obtenue est en poudre fine et fort blanche ; le charbon, réduit à l'état de coke, s'en sépare, en effet, très-aisément sur les tamis de soie.

Les hommes employés à ce travail extrêmement malsain portent sur le nez et la bouche un petit sac de coton, attaché derrière la tête. Leur peau est brûlée par la chaux et d'un rouge cuivre très-foncé. Les cils et les sourcils sont tombés, les cheveux sont devenus rouges, les paupières sont fortement tuméfiées et le globe de l'œil injecté de sang. Malgré la précaution du sac filtrant, ces malheureux absorbent par la respiration une certaine quantité de poudre de chaux et succombent de bonne heure à de graves accidents pulmonaires.

Je ramassai sur les tas énormes de coquilles une bonne collection d'échantillons parfaitement conservés. Voici la liste de ceux que j'ai pu reconnaître :

COQUILLES FLUVIATILES :

Unionidées..... Unio Cordieri Heude = Unio Heudei.
U. capitatus Heude.
U. pisciculus Heude.
U. scriptus Heude.
U. Leaï. Gray.
U. Leaï variétés A, B, C, Heude.
U. Leleci Heude.
U. Leleci H. var.
U. Languilati Heude.
U. Lampreyanus David et Adams.
U. subtortus David et Adams.
U. fibrosus Heude.
U. contortus. Heude=Triquetia contorta Lea.
U. Douglasi.
U. gladiolus Heude.
U. caveatus Heude.
U. sp. (Edwarsi !)

Anodontidées... Anodonta edulis Heude.
A. gibba Benson.
A. magnifica Von Martens.
Anodon arcæformis Heude.
A. lucida Heude.
A. Harlandi Heude.

A. doliolum Heude.
A. elliptica ? Heude.
A. Joreti Heude.
A. pacifica Heude.
Dipsas plicatus Lea.
Paludinidées... Paludina sinensis.
P. quadrata Bensom = P. angularis.
P. Bengalensis Lam.
Melania: Fortunei Reeve.
et de nombreuses variétés de Corbicules non reconnues encore.

La plus grande quantité de ces coquilles ne viennent pas des environs de Ningpo, mais sont apportées par bateau des provinces environnantes et surtout du Kiang-sou. Les Unio viennent des environs de Sung-Kiang-fu et de Sou-Chou; les corbicules sont prises en quantité dans les canaux près de Chapu; quant aux Anodontes on en trouve en quantité dans toute la province du Chêkiang où j'ai aussi trouvé dans les canaux, à peu de distance de Ningpo, les Unionidées suivantes en grand nombre : *Unio Grayanus, U. gladiolus, U. Douglasi*, ainsi que l'*U. Cordieri* qui est plus rare.

J'ai ramassé dans le tas de coquilles des chaufourniers de nombreux échantillons de l'*U. capitatus*; il serait curieux de savoir exactement d'où il vient, car il est indiqué comme rare dans l'ouvrage du P. Heude. Chose aussi très-remarquable, c'est qu'à l'exception de 8 ou 9, toutes ces coquilles sont nouvelles, et n'ont été décrites que récemment (1879) par le savant missionnaire; les corbicules dont il existe de très-nombreuses espèces et variétés ne sont pas encore déterminées. Ceci peut donner une légère idée de la richesse de la faune malacologique de ce pays où il reste certainement encore beaucoup à découvrir. On trouve aussi dans les eaux douces des coquilles dont la forme est essentiellement maritime, témoins une petite moule le *Modiola lacustris*, découverte il y a quelques années dans le lac Tunting, et à Chusan le *Lampania* de Cantor.

De leur utilisation industrielle. — Il est regrettable de voir que les chinois, pourtant si industrieux, n'emploient ces coquilles que pour faire de la chaux, tandis qu'aux Etats-Unis, par exemple, on utilise dans l'industrie plusieurs Unio à coquille épaisse, avec la nacre desquels on fabrique des boutons, des broches et d'autres ornements. Or, quantité de nos coquilles chinoises possèdent un test fort épais de belle nacre blanche. J'ai, dans la collection dont m'a fait cadeau le P. Heude, plusieurs Unio dont la coquille mesure, près des dents, une épaisseur dépassant quelquefois un centimètre; ce sont entre autres : L'*Unio scriptus* Heude, l'*U. affinis* H., l'*U. Rochechouarti* H., l'*U. Leleci* H., l'*U. Lampreyanus* David et Adams, l'*U. subtortus* H., etc. Quelques Anodontes des environs de Ningpo possèdent aussi une coquille assez épaisse et une fort belle nacre et pourraient, vu leur grandeur, fournir de belles plaques pour la tabletterie. En certaines localités, ces coquilles sont si nombreuses qu'on les emploie pour graisser les champs; la matière première serait donc d'un prix fort peu élevé. Il y a certainement là une industrie à fonder pour un individu intelligent et entreprenant qui s'établirait dans le pays et emploierait des ouvriers indigènes qui sont d'ailleurs fort adroits et se contentent de gages extrêmement modérés. Les coquilles d'eau douce employées dans l'industrie américaine ont de grands rapports avec les coquilles chinoises. Voici celles que j'ai remarquées dans les vitrines des Etats-Unis à l'Exposition de Berlin.

Unio	lachrymosus.	Unio	torsus.	Unio	pustulosus.
U.	multiplicatus.	U.	cylindricus.	U.	anodontoides
U.	gibbosus.	U	pyramidatus.	U.	ellipsis ?
U.	retusus.	U.	cuneatus.	U.	rugosus.

Pêche aux cormorans. Phalacrocorax carbo. — Au moment où je rentrais à Ningpo, j'eus le plaisir d'assister à la pêche aux cormorans, qui se pratique beaucoup sur les canaux des environs. Certains endroits sont renommés pour l'excellence des oiseaux qu'on y élève et entraîne; parmi ces endroits on peut citer les villes de *Feng-hua* et de *Shao-hsing*.

Le plus célèbre de tous est cependant une petite ville appelée *T'ang-hsi-chên*, 50 *li* au Nord-Ouest de Hangchou, et dont les habitants passent pour avoir un secret qui leur assure un succès décidé dans l'éducation des cormorans. Le nom classique de ces oiseaux est *Lu-sse* et le nom vulgaire *Yu-ying* " épervier pêcheur, " ou *Yu-ya* " corbeau à poisson, " en latin *Hydrocorax Sinensis* Vieillot = *Pelecanus Sinensis* Latham =*Phalacro corax Sinensis*, comme l'ont admis certains auteurs.

Suivant l'abbé Armand David, le cormoran de la Chine ne diffère en rien de celui d'Europe et ne constitue pas une variété distincte; son nom véritable est donc simplement *Phalacrocorax carbo* Schr. Swinhœ.

Les femelles pondent chaque année de trois à neuf œufs, à la 1re et à la 8e lune. La couleur des œufs est verte, mais ils sont fortement recouverts de chaux blanche; leur grosseur est celle des œufs de canard. Le blanc de l'œuf est légèrement verdâtre, et on ne mange jamais ces œufs à cause de leur goût trop prononcé.

Incubation. — Les œufs de la première saison (1re lune) sont les seuls que l'on fasse couver. Vers le commencement de la 2e lune on les donne à couver aux poules, car les cormorans femelles sont de mauvaises mères. Les jeunes brisent la coquille après un mois d'incubation; à leur naissance ils ne peuvent tenir sur leurs jambes et craignent beaucoup le froid. On les retire à la poule et on les place dans des paniers remplis de coton, qu'on dépose dans un endroit chaud. Les œufs de la seconde saison ne sont point utilisés (la température étant alors trop basse), on les donne aux enfants ou aux mendiants.

Nourriture. — On nourrit d'abord les jeunes avec du fromage de haricots (*Tou-fou*) et de la chair d'anguille hachée menu en parties égales. Si l'on ne peut se procurer des anguilles on peut employer à la place la chair du *Hei-yü* (*Ophicephalus niger*) sous forme de petites pilules. Au bout d'un mois les plumes commencent à recouvrir le duvet et on augmente la quantité du poisson dans leur nourriture, tandis qu'au contraire on réduit la quantité de fromage de haricots. Un second mois s'écoule, et les jeunes oiseaux, ayant grandi du double, sont bons pour le marché. Un mâle se vend de 1 à 2 dollars, tandis qu'une femelle ne rapporte que la moitié.

Entraînement. — On nourrit alors les oiseaux avec de jeunes poissons qu'on leur jette. Quand ils ont atteint toute leur taille, on noue le bout d'une ficelle à une de leurs pattes, tandis que l'autre bout est fixé au bord d'une mare ou d'un canal. On les force alors à aller à l'eau, leur maître sifflant sur un ton particulier, les pousse avec un bambou. On leur jette de jeunes poissons sur lesquels ils se précipitent avec d'autant plus d'ardeur qu'on a eu soin de les nourrir très peu. On les rappelle alors sur un autre ton du sifflet et on les force à obéir en tirant la ficelle; quand ils atteignent la berge on leur donne de nouveau poisson. Ces leçons leur sont données chaque jour pendant un mois, puis pendant quatre ou cinq semaines on répète le tout sur un bateau. D'ordinaire on leur enlève la ficelle au bout de ce temps. Lorsqu'on fait accompagner les jeunes oiseaux par de vieux cormorans bien dressés, le temps des leçons est réduit de moitié. Les oiseaux qui ne sont pas dressés au bout de cette période sont dits stupides et bons à rien.

Pêche. — Le dressage étant achevé, on donne chaque matin une légère pâture aux cormorans ; elle consiste en poisson. Une sorte d'anneau en chanvre est fixé à leur cou pour les empêcher d'avaler les gros poissons. On les transporte à l'endroit de la pêche sur un petit bateau plat dit " bateau à cormorans " ; on y place généralement de 10 à 12 oiseaux. Ils sont maintenant aussi dociles que des chiens et perchent sur le bord du bateau jusqu'à ce qu'un signal de leur maître les fasse descendre à l'eau. Ils plongent et saisissant le poisson dans leur bec crochu ils le rapportent à bord. Lorsque la proie est trop grosse pour l'un d'eux, ils s'entre-aident et l'on en voit souvent trois et plus la saisir ensemble. Quelquefois le pêcheur les excite à plonger en frappant l'eau de son long bambou. Si l'un des cormorans se montre trop paresseux à obéir, on attache un bout de corde à ses deux pattes, ceci forme une sorte d'anse, au moyen de laquelle on le ramène à bord *nolens volens*, en y accrochant un long bambou dès qu'il est nécessaire.

Après deux ou trois heures de pêche, on laisse les oiseaux venir se reposer à bord. Vers le soir, on leur enlève leur cravate de chanvre ou on la lâche, de façon à ce qu'ils puissent pêcher pour leur propre compte et avaler leur pitance. Souvent le pêcheur les nourrit lui-même ; saisissant chaque oiseau à tour de rôle par la mandibule supérieure, il presse dans leur gorge une boule de *Tou-fou* ou fromage de haricots et une poignée de jeunes poissons dont il facilite la déglutition en leur frottant le cou avec la main. Les oiseaux semblent aimer cette opération, car ils reviennent promptement pour obtenir une seconde dose. Cette scène est des plus comiques. La nuit on ramène les oiseaux à la maison et on les enferme dans une cage.

Un bon cormoran peut servir pendant cinq ans, mais au bout de ce temps, ces oiseaux perdent leurs plumes et ne tardent pas à mourir. Les femelles plus faibles que les mâles, ne prennent que de petits poissons, aussi coûtent-elles moins cher. Des oiseaux très-bien dressés valent 10 taels la paire ; un bon mâle vaut de 6 à 7 dollars. Les femelles pondent dès qu'elles ont un an.

Lord Macartney, qui observa ces oiseaux au Shantung en 1793, dit qu'ils rapportent un bénéfice considérable à leur maître : aussi, pour obtenir la permission d'en avoir, il faut payer à l'empereur des droits exhorbitants. Dans le Chêkiang, je n'ai jamais entendu parler de ces droits ; il est probable qu'ils n'existent plus nulle part aujourd'hui.

Bateau pour la pêche au clair de lune. — Une autre manière très-curieuse de pêcher et qui est particulière à la Chine se voit souvent sur la rivière de Ningpo. Cette méthode consiste à prendre le poisson au moyen d'un long bateau plat sur le bord duquel une planche peinte en blanc est placée de façon qu'elle plonge obliquement dans l'eau. De l'autre côté du bateau se trouve dressé un filet. Le poisson, attiré par la réflexion de la lune ou de la lumière des lanternes sur la planche, saute dessus et de là dans le bateau, le filet l'empêchant de retomber à l'eau de l'autre bord (1).

Pêches diverses. — Les anguilles se prennent en abondance au moyen de longs filets coniques, arrangés en sé-

(1) Les poissons que l'on prend le plus avec ce curieux appareil sont : le *Leuciscus*, Pai-Yü, l'*Adelopeltis angusticeps*, Huang-Yü, le *Cyprinus obesus*, Li-Yü.

ries de six ou plus entre des bateaux à l'ancre dans le courant. Quelquefois on n'emploie qu'un bateau, les filets sont alors fixés à des bambous flottants, ancrés dans la rivière. On conserve les anguilles vivantes dans de longs paniers en bambou placés dans l'eau le long du bateau.

Les crabes d'eau douce (*Telphusa Sinensis*), ainsi que les crevettes, sont pris dans des paniers en bambou faits pour cet usage. L'amorce consiste en crevettes bouillies pour les crabes et en une espèce de pain grossier de blé noir ou d'orge pour les crevettes. Les paniers à crevettes sont souvent faits en forme de T et mesurent environ un pied de long; on les attache en grand nombre et à quelques pieds l'un de l'autre sur une longue corde, le tout est plongé au fond des canaux. Un bateau porte souvent de 300 à 400 de ces paniers. En été, un bateau ainsi monté peut capturer de 12 à 20 livres de crevettes par jour, évaluées au prix de 160 sapèques la livre ; mais en hiver la " prise " tombe à une ou deux livres, valant 300 sapèques chaque. Le prix d'un panier est de 50 sapèques.

Les habitants du pays ont encore bien d'autres manières curieuses de prendre le poisson. Une des plus originales est la pêche à la main qui se fait dans les eaux calmes et claires. Le pêcheur entièrement nu flotte sur une planche ou dans une pirogue. Il guette sa proie endormie et la saisit rapidement des deux mains. Ce sont surtout les tortues que l'on prend de cette façon. Ou bien il marche sur le sable au bord de la mer ou dans la vase des rivières et il bat l'eau bruyamment des deux mains. Les limandes et les anguilles effrayées se réfugient sous ses pieds où il ne tarde pas à les saisir adroitement. Quelquefois aussi, armé d'un filet noué autour des reins, il plonge dans des endroits profonds pour y prendre le poisson à la main (1). J'ai vu aussi pêcher avec une sorte de panier en forme de tronc de cône en bambous tressés, ouvert par les deux bouts qu'on manœuvre à peu près comme un épervier. Le poisson qui par chance a été emprisonné dans cette petite enceinte mobile est ensuite saisi à la main.

Marché aux grenouilles à Tsie-Kie. — Enfin dans les environs de *Tsie-Kie*, à peu de distance au Nord-Ouest de Ningpo, les habitants du pays pêchent aussi les grenouilles qu'ils prennent à la main en les attirant la nuit sur le bord des eaux au moyen de feux et de lanternes. M. Robert Fortune décrit cette industrie dans son livre " Two years wanderings in China " : " On les apporte sur le " marché dans des baquets ou dans des paniers et le " marchand les écorche au fur et à mesure qu'il les " vend. "

Batraciens chinois. — Ces grenouilles ressemblent fort à notre grenouille comestible *Rana esculenta* dont Cantor a déjà trouvé une variété à Chusan, ainsi que des variétés de *Rana temporaria* et d'*Hyla arborea*. Cependant, j'ai cru reconnaître aussi parmi les quelques spécimens qui me furent apportés la *Rana marmorata*, très commune dans tout le Nord de la Chine.

Quant au crapaud de ces parages, c'est le *Bufo Raddei* que l'on trouve aussi sur les plages sablonneuses de Chefoo. Le Dr Cantor mentionne comme existant à Chusan un *Bufo gargarizans*, mais cette espèce ne paraît pas suffisamment caractérisée pour la séparer du *Bufo vulgaris*. Le genre Bufo, comme le genre Rana, est susceptible de

(1) Les poissons qu'on prend ainsi sont : l'*Hypophthalmichthys Simoni* Yong-Yü ; le *Siniperca* Ky-Yü, le *Silurus xanthosteus* Nien-Yü ; le *Peltobagrus calcarius* Huang-Chang-Yü.

prendre des formes ou des colorations assez variées; mais il suffit d'étudier soigneusement les squelettes pour se persuader que les différences extérieures ne suffisent point pour autoriser toujours la création d'espèces nouvelles.

Du reste, les batraciens chinois sont encore fort peu connus. Un de mes amis, M. Collin de Plancy, attaché comme interprète à la légation de Pékin, a eu l'excellente idée d'étudier la faune erpétologique du Nord de l'Empire. Il a fait déjà plusieurs envois importants à M. Lataste, qui a décrit sous le nom de *Rana de Plancyi* une grenouille nouvelle des environs de Pékin.

Reptiles du district de Ningpo. Ophidiens. — Comme mes recherches à Ningpo se sont faites pendant l'hiver, je n'ai pu obtenir que fort peu de spécimens de reptiles. Cependant les chinois parvinrent à déterrer pour moi quelques serpents, parmi lesquels j'ai pu reconnaître le *Lycodon rufozunatus* Cantor; le *Coluber dhumnades* Cantor; le *Coluber mandarinus* Cantor, serpent d'eau, noir avec marques orangées; le *Tropidonotus rufo-dorsatus* Cantor; qui existent tous à Chusan où ils furent observés par Cantor, avec le *Python Schneideri* de Merrem, et le *Naja atra* serpent venimeux de l'Inde.

En plus de ces espèces je puis mentionner aussi comme existant à Ningpo : l'*Elaphis* (*Daphnis*) *dione* de Pallas, l'*Elaphis tæniurus* Cope, le *Masticophis dorsalis* Peters = *Zamenis spinalis* Strauch; trois espèces communes, dans tout le Nord de la Chine. La plus grosse est l'*E. tæniurus* qui atteint quelquefois jusqu'à sept pieds de longueur, mais est sans danger. Je possède aussi une vipère l'*Halys Bloomhoffii* Schlegel = *Trigonocephalus Bloomhoffii* Strauch, que l'on trouve dans presque toute la Chine ainsi qu'au Japon et en Mongolie.

Culte rendu à un serpent. — Enfin j'ai encore une espèce de serpent *Simotes* ou *Calamaria* que je n'ai encore pu déterminer. Le dos est olive et les parties inférieures sont d'un rouge orangé avec bandes noires brisées au milieu et formant damier. Ce charmant petit ophidien, qui ne mesure qu'une trentaine de centimètres de longueur, inspire aux chinois une crainte superstitieuse très-prononcée. Les gens du peuple ne manquent point de faire le grand salut à cette couleuvre inoffensive chaque fois qu'ils la rencontrent sur leur chemin ; ils lui jettent quand ils peuvent quelques grains de riz ou des feuilles de thé. Ils considéreraient comme un sauvage celui qui oserait tuer ce serpent qu'ils nomment *Ta Wang* " Le grand prince. " Ils croient en effet que cet animal a le pouvoir d'amener la pluie. Aussi, dans les grandes sécheresses on recherche une de ces couleuvres, on la porte en grande pompe dans un temple et on lui fait des prières et des sacrifices auxquels les mandarins eux-mêmes viennent prendre part. On prétend encore qu'un homme qui verrait deux de ces serpents enlacés, serait sûr de mourir dans l'année.

Sauriens. — Parmi les sauriens, j'ai pu observer à Ningpo, pendant un voyage d'été que j'y fis il y a quelques années , le *Gecko Japonicus* Dum. et Bibr. Il est fort employé en médecine sous le nom de *Shou-Kung* et commun dans les maisons, sur le sable et parmi les pierres où j'ai vu courir aussi le *Tachydromus Japonicus* D. et B., charmant petit lézard à longue queue très-déliée, couleur gris clair avec deux bandes vertes sur le dos. A Chusan, Cantor a trouvé l'*Hemidactylus nanus* et le *Tiliqua rufoguttata.*

Chéloniens de Ningpo et Chusan. — En fait de tortues, j'ai rapporté de Ningpo le *Clemmys Reevesii* Gray = *Emys*

Sinensis David, l'*Emys Bealei* Gray, une *Clemmys*, une *Linyxis*, enfin le *Trionyx Sinensis* Wiegman = *Gymnopus perocellatus* David ; de Chusan : l'*Emys muticus* Cantor et le *Trionyx tuberculatus* Cantor.

Les Trionyx sont communes dans les canaux et on en apporte beaucoup sur le marché, car elles sont comestibles ; du moins la petite espèce appelée *Pich*. La grande espèce connue sous le nom chinois de *Yuen* ne se mange pas, bien au contraire on la regarde comme un fétiche, un palladium et on la nourrit dans les piscines des temples en compagnie des carpes sacrées. Là, elle atteint des dimensions et un poids considérables ; le P. Heude, qui en a fait le genre nouveau *Yuen*, en décrit un spécimen sous le nom de *Yuen leprosus* qui mesure 1m41 de longueur totale et pèse 52 kilogrammes ; un autre échantillon, le *Yuen maculatus*, pesait 67 kilog. " Les pêcheurs affirment qu'il s'en trouve du poids de 300 livres (180 kilog.) et même plus.....(1) " Le savant missionnaire estime que certains sujets de cette espèce arrivent aisément à l'âge de 150 ans ; on a, en effet, pêché un *Yuen* muni d'un anneau d'argent portant la date du règne de Kang-hi.

Coutume du Fang-sheng. — Certains sectaires du Boudhisme, considèrent comme une œuvre méritoire de ne jamais manger d'êtres vivants, ou de donner la liberté à tous ceux qu'ils peuvent acheter chez les bouchers, les marchands de poisson ou d'oiseaux. Les tortues sont particulièrement recherchées, surtout l'espèce Yuen qui coûte fort cher, à cause de sa rareté. Cette coutume est connue sous le nom de *Fang-sheng* « libération d'un être

(1) Mémoires concernant l'histoire naturelle de l'Empire chinois, par des Pères de la Compagnie de Jésus, 1er cahier avec 12 planches, Shanghai 1880.

vivant ». Quand on lâche les tortues dans le fleuve on leur attache à la carapace une plaque de métal sur laquelle on grave le nom du libérateur puis la date. Cette cérémonie se fait en grande pompe avec accompagnement de coups de tamtam et de la musique des pétards. Malheur à qui s'aviserait de capturer ou de porter de nouveau au marché ces tortues ainsi consacrées, il serait poursuivi devant les tribunaux, et forcé de restituer l'animal, ou de payer une forte amende.

Conclusions. — En terminant ce premier volume de souvenirs, je tiens à offrir mes meilleurs remercîments à tous ceux qui m'ont aidé dans mon travail, tant en Chine qu'en Europe ; d'abord à M. Robert Hart, inspecteur général des douanes chinoises ; à M. E.-B. Drew, commissaire des douanes à Ningpo ; à mon collègue J. Neumann, qui m'accompagna dans quelques-unes de mes excursions. A Berlin au docteur Peters et à M. E. von Martens, qui m'ont aidé à classer les collections ; au Dr H. Dohrn, auquel je dois d'avoir pu en quelques jours organiser la décoration de la section chinoise à l'Exposition de Pêche de Berlin. A Paris, M. le docteur E. Sauvage a eu l'extrême obligeance de classer définitivement mes aquarelles de poissons et de nommer une collection de 68 poissons de Swatow, tandis que M. P. Petit, pharmacien de 1re classe, a été assez aimable pour examiner et classer une collection de Diatomées de Ningpo. Enfin je tiens aussi à remercier vivement le directeur de la Société des Sciences naturelles et mathématiques de Cherbourg, M. A. Le Jolis, qui a eu la patience de corriger mes épreuves et m'a aidé de ses excellents conseils.

POISSONS DE NINGPO.

Catalogue des poissons de Ningpo ayant figuré à l'Exposition de Pêche et de Pisciculture de Berlin, ou observés à Ningpo.

ORDRE DES PLAGIOSTOMATA

Carcharidæ	Carcharias Japonicus Schl.
	» (Prionodon) glyphis M. H.
	» Gangeticus M. H.
	Sphyrna zygaena L.
	Mustelus manazo Blkr.
Lamnidæ	Odontaspis Americanus Mtch.
Cestracionidæ..	Cestracion Philippii Lacép.
Notidanidæ	Notidanus (Heptanchus) Indicus Cuv.
Spinacidæ	Acanthias vulgaris Risso.
Pristiophoridæ.	Pristiophorus serratus Lath.
Rhinobatidæ ...	Rhinobatus Philippi M. H.
Rajidæ	Platyrhinus Sinensis Lac. Sch.
	Raja Kenojei M. H.
Trygonidæ.....	Trygon zugei M. H.
	» akajei M. H.
	» walga M. H.
Accipenseridæ..	Polyodon (Psephurus) gladius E. von Martens.

ORDRE DES ACANTHOPTERYGII

Berycidæ	Triacanthus Japonicus C. V. Langsdorff.
	Triacanthus brevirostris Gthr.
Percidæ........	Siniperca chuatsi Bas.
	Niphon spinosus C. V.
	Epinephelus Moara Schl.
	Percalabrax Japonicus C. V.
	» poecilonotus Guich.
Pristipomatidæ	Hapalogenys nigripinnis Schl.
	» mucronatus Ey. Soul.
	Synagris Sinensis Lac.
	Dentex setigerus Schl.
Trachinidæ....	Latilus argentatus C. V.
Sparidæ.......	Pagrus major C. V.
	» cardinalis Lac.
	» tumifrons Schl.

Scorpænidæ...	Centridermichthys fasciatus Hkl.
Platycephalidæ.	Platicephalus insidiator Forsk.
	» punctatus C.V.
Triglidæ	Trigla kumu Less.
Sciænidæ	Sciæna sina C.V.
	» Dussumieri C.V.
	Pseudosciæna amblyceps Blkr.
	Corvina semiluctuosa C.V.
	Otolithus Fauvelii Peters n. sp.
	Collichthys lucidus Bich.
Sphyrænidæ...	Sphyræna obtusata C.V.
Trichiuridæ ...	Trichiurus Japonicus Schl.
Scomberidæ....	Auxis Rochei Risso.
	Scomber Kanagurta C.V.
	» Jamesaba Blkr.
	Cybium niphonium C.V.
	Caranx maruadsi Schl.
	Trachurus trachurus Lac.
	Stromateus argenteus Bloch.
	Seriola Dumerilii Ariss. var. rubescens Schl.
	» aureovittata Schl.
Gobiidæ	Gobius hexanema Blkr.
	» ommaturus Rich.
	» giuris H. B.
	Triænophorichthys barbatus Gthr.
	Eleotris ophiocephalus C.V.
	» obscura C.V.
	Philypnus Sinensis Lac.
	Boleophthalmus pectinirostris Gmel.
	Periophthalmus Schlosseri Pall.
	» Kœlreuteri, Pall. var. argentilineatus.
	Amblyopus Hermannianus Lac.
	Trypauchen vagina Bl.
Mugilidæ......	Mugil hæmatochilus Schl.
	» cephalotus C.V.
Lophiidæ	Lophius setigerus Vahl.
Mastacembelidæ	Mastacembelus Sinensis Blkr.
Ophiocephalidæ	Ophiocephalus argus Cant.
Labyrinthicidæ	Polyacanthus opercularis. L.

Pleuronectidæ.. Psettodes erumei Bl,
Pseudorhombus olivaceus, Schl.
Synaptura (Brachyurus) zebra Gthr.
Cynoglossus abbreviatus Gray.
» melanopetalus Rich.

ORDRE DES MALACOPTERYGII.

Siluridæ....... Silurus asotus L.
Macrones (Pseudobagrus) Vachellii (Rich).
» (») fulvidraco (Rich).
Liocassis tæniatus, Gthr.
« longirostris Gthr.
Hemibagrus taphrophilus Sauvage.
Ritta Manillensis C. V.
Arius falcarius Rich.
Scopelidæ...... Saurida argyrophanes Rich.
Harpodon nehereus H. B.
Belonidæ...... Hemiramphus Gernaerti C. V.
Exocœtus aff. brachycephalus Gthr.
Cyprinidæ..... Cyprinus carpio L.
Carassius sp.
» auratus L.
Distocchodon tumirostris nov. gen. nov. sp. Peters.
Elopichthys bambusa Rich.
Gobio imberbis Sauvage.
» nigripennis Gthr.
Sarcocheilichthys Sinensis Blkr.
Pseudorasbora parva Schl.
Mylopharyngodon æthiops nov. g. Peters.
Ctenopharyngodon idellus C.V.
Culter ilishæformis Blkr.
Achilognathus (Parachilognathus) imberbis Gthr.
Xenocypris megalepis Sauvage.
Leuciscus idellus Val.
Acanthorodeus macropterus Blkr.
Hypophthalmichthys nobilis Rich.
» molitrix Val.
Elopichthys bambusa Rich.

Parabramis bramula C.V.
Misgurnus anguillicaudatus Cantor.
Salmonidæ.... Salanx Chinensis Osbeck.
Clupeidæ ...... Clupea nymphæae Rich.
» Reevesii C.V.
» cyprinoides Rich.
Coilia Dussumieri C.V.
» nasus Schl.
Lisha (Pellona) elongata Benn.

ORDRE DES APODODÆ

Symbranchidæ. Monopterus Javanensis Lac.
Murænidæ..... Anguilla Bengalensis Gray.
» Japonica Schl.
Conger vulgaris Cuv.
Murænesox cinereus Forsk.

ORDRE DES PLECTOGNATHI.

Sclerodermidæ. Triacanthus brevirostris Schl.
Monacanthus monoceros Osb.
Gymnodontidæ. Tetraodon Honchkenii Bl.
» ocellatus Osb.
» rubripes Schl.

Dans le « Monatsbericht der Königliche Akademie der Wissenschaften zu Berlin, 4 November 1880 », le Docteur W. Peters donne une liste de 82 de ces poissons qui se trouvent maintenant au Museum de Berlin. Il y décrit trois espèces nouvelles dont deux forment un genre nouveau : *Otolitus Fauvelii, n. sp.*; *Distoechodon tumirostris. n. gen. n. sp.*; *Mylopharyngodon æthiops n. gen.*

CRUSTACÉS ET MOLLUSQUES DES ENVIRONS DE NINGPO

Qui figuraient dans la section chinoise de l'Exposition de pêche et de pisciculture à Berlin, en mai-juin 1880 (1).

CRUSTACÉS.

Décapodes Brachyures.	Eriocheir Sinensis A.M.E. — Ho hsieh.
	Gelasimus brevipes M. E.— Hung tsieh hsieh.
	Dorippe sima M. E. — Jen mien hsieh.
	Neptunus pelagicus L. — Men hsieh.
	Thalamita natator Herbst.— Haï hsieh.
	Scylla serrata Forsk. — Ching hsieh.
	Helice tridens Dehaan. — Pang hsieh.
	Matuta lunaris Herbst. — Shih hsieh.
	Goniosoma callianassa Herbst. — Haï hsieh.
	Orithya mamillaris Fabr. — Jen mien hsieh.
	Sesarma Sinensis M E. — Haï hsieh.
	Albunea. — Sha hsieh.
	Macropthalmus. — Shih hsieh.
	Philyra. — Ho shang hsieh.
Décapodes Macroures..	Palinurus trigonus Siebold.— Haï hsia.
	Palæmon Sinensis Heller. — Ho hsia.
	Peneus Indicus M. E. — Tuei hsia.
	Squilla oratoria Dehaan. — Haï hsia.
	Alpheus. — Hsia.
	MOLLUSQUES.
Céphalopodes.........	Octopus fangsiao Orbigny. — Wang chao yü.
	Sepia Sinensis Orbigny. — Mo Yü. Wu tsei yü.

(1) Cette collection est aujourd'hui au Musée zoologique de l'Université de Berlin. J'en dois les noms exacts à l'obligeance du Docteur Professeur E. VON MARTENS.

Gastéropodes d'eau douce. Limnæa plicatula Benson. — Shui lo ssu.
Melania cancellata Benson. — Ni lo.
Paludina angularis Müller — P. quadrata Benson. — Ni lo.
Paludina Sinensis Gray. — Tien lo.

Gastéropodes marins.. Purpura luteostoma Chemnitz. — Hua haï lo.
Rapana Thomasi Crosse. — Tzu fei lo.
Hemifusus tuba Gmelin. — Nien hsien lo.
Ranella albivaricosa Reeve. — Tzu haï lo.
Cassis zebra Bruguière. — Chien mao lo.
Natica Lamarckiana Recluz. — Hsiao haï ssu lo.
Natica effusa Swainson. — Ta pai lo.
Turbo cornutus Gmel. — Chuan haï lo.
Trochus argyrostomus Gmel. — Ma ti lo.
Trochus rusticus Gmelin. — Ma ti lo.
Trochus (Monodonta) labio L. — Yi ya lo.
Rotella elegans Kiener. — Hsiao lun lo.
Haliotis Gruneri Reeve. — Shih chueh ming.
Bulla (Scaphander) caurina Benson. — Yuan ko.

Bivalves d'eau douce... Anodonta magnifica Lea. — Ho pang.
Anodonta tumida Heude. — Ho pang.
Cristaria plicata Solander = Dipsas plicata Leach. — Chi pang.
Unio Languilati Heude. — Wen ko.
U. Cumingianus Lea. — Wen ko.
U. Leai Gray. — Ta ma ko pang.
U. Leleci Heude. — Ta ma ko pang.
U. contortus Lea (Arconaia c.). — Chiao tsui pang.
U. pisciculus Heude. — Hsiao yü pang.
U. capitatus Heude. — Tso pang.
U. fibrosus Heude. — Tao ko.
U. Grayanus Lea. — Tsê yen.
U. gladiolus Heude. — Chien tsê yen.
U. Douglasiæ Gray. — Hsiao hsien ko.
Corbicula fuscata Lamarck. — Huang hsien.

Bivalves marins....... Cyclina Sinensis Chemnitz.—Yüan ko.
Novaculina constricta Benson.— Sheng tzu.
Ostrea gigas Thunberg = O. Talienwhanensis Crosse. — Ta li huang.
O. hyotis Chemnitz. — Lü li huang.
Malleus albus Lam.— Fu tzu huang.
Pinna Japonica Hanley. — Chiang yao chu.
Mytilus crassitesta Lischke.—Yü pang.
Arca granosa L. — Han tzu.
Cytherea petechialis Lam.—Hua haï ko.
Mactra quadrangularis Deshayes. — Lang ko.

BOIS DE NINGPO.

Catalogue des échantillons de bois rapportés de Ningpo, par ordre de familles naturelles.

Camelliacées .... Thea Sinensis L. — Cha. — Blanc, grain serré.

Sterculiacées .... Sterculia platanifolia L. — Wu tung. — Bois très-léger.

Aurantiacées .... Citrus Japonica Bunge. — Chin kan. — Fruits comestibles.

Meliacées ...... Melia azadirachta L. — Lien. — Léger, poreux.
Cedrela Sinensis. — Chun. — Rouge, bourgeons comestibles.

Ilicinées ...... Ilex cornuta L. — Hung kuo shu. — Employé par les sculpteurs.

Celastrinées..... Evonymus Bungeanus. — Pai-tu. — Employé par les sculpteurs.

Rhamnées...... Zizyphus vulgaris Lam. — Tsao shu. — Cultivé ; fruits comestibles.

Sapindacées .... Sapindus Chinensis. — Fei chu tsze. — Fournit les grains de chapelet.

Acerinées ...... Acer trifidum Thunbg. — Feng. — Bois de menuiserie.

Therebinthacées .. Rhus vernicifera. — Chi shu. — Fournit la laque.

Légumineuses ... Sophora Japonica L. — Huai shu. — Fleurs fournissent teinture jaune.

Acacia nemu Wild. — Yeh hei tsze. — Pour les meubles.

Albizzia julibrissin. — Jung hua shu. — Ornement.

Gleditschia Sinensis Lam. — Pi tsao. — Fruits fournissent le savon chinois.

Pterocarpus flavus? Cæsalpinia? — Tan. — Bois dur et lourd ; écorce employée en teinture.

Rosacées ...... Persica vulgaris Mill. 2 var. — Tao.

Prunus Japonica Thunbg. — Li.

Prunus pseudo-cerasus. Lindl. — Ying tao.

Prunus mume S. et Z. — Mei.

Prunus Armeniaca L. — Hsing.

Pyrus malus L. — Hua hung.

Pyrus Chinensis. — Li.

Cydonia Chinensis Thouin. — Mou kua.

Eriobotrya Japonica. — Pi-pa.

Granatées...... Punica granatum L. — Shih-liu.

(Fruits comestibles)

Balsamifluées. ... Liquidambar Formosana Hance. — Feng. — Cultivé.

Caprifoliacées ... Viburnum opulus L. — Pai-hsueh shu. — Ornement.

Ebenacées...... Diospyros schitze Bunge. — Shih. — Fruits comestibles.

Oleinées....... Fraxinus longicuspis Sieb. — Chau. — Cultivé.

Fraxinus Sinensis. — Nü chen. — Nourrit l'insecte à cire.

Ligustrum lucidum. — Tung ching. — Nourrit l'insecte à cire.

Olea fragrans. — Kuei hua. — Fleurs odorantes.

Scrophularinées . .	Paulownia grandifolia.— Tung. — Cultivé.	
Bignoniacées......	Catalpa Bungei C.A. Mey.— Chiu.—Cultivé.	
	Catalpa Kaempferi ? — Chiu. — Cultivé.	
Laurinées.........	Cinnmomum camphora F. 2 var. — Chang. —Cultivé.	
Morées............	Morus alba L. — Sang. — Nourrit le ver à soie.	
	Broussonetia papyrifera Vent. — Cho. — Fournit du papier.	
	Ficus pyrifolia aut pumila. — Jung. — Cultivé.	
Celtidées.	Celtis Sinensis.— Po.— Bois de charpente.	
	Aphananthe aspera ? — Sha pu. — Bois de charpente.	
Ulmacées.	Ulmus Chinensis. — Yü. — Cultivé.	
	Planera Japonica Mig. — Kien. — Cultivé.	
Betulacées	Betula alba L. — Hua mu. — Cultivé.	
	Alnus Sinensis. — Chih yang. — Cultivé.	
Myricées	Myrica rubra. —Yang mei.— Fruits comestibles.	
Salicacées.	Salix Babylonica L. — Liu. — Cultivé.	
	Salix Japonica. — Yang liu. — Cultivé.	
	Populus tremula L. — Pai yang. — Cultivé.	
Euphorbiacées . . .	Stillingia sebifera. — Chiu. — Fournit le suif végétal.	
	Eleococca cordata Bl.—Tszu-tung.— Fournit de l'huile.	
	Rottlera Japonica. — Yi. — Cultivé.	
	Buxus microphylla. — Huang yang.— Cultivé.	
Cupulifères.	Quercus serrata — Li.	bois de chauffage.
	» Mongolica — Tso.	
	» glauca.	
	» Fabri Hance.	
	» Moulei Hance.	
	» cuspidata.	
	Castanea Chinensis. 2 var. — Li tsze. — Fruits comestibles.	
Juglandées	Juglans regia. — He tao. — Fruits comestibles.	

Conifères	Pinus Sinensis. — Sung. — Bois de charpente.
	Cuninghamia Sinensis. — Shan. — Bois de charpente.
	Cryptomeria Japonica. — Shan. — Bois de charpente.
	Abies Kæmpferi. — Chin sung. — Bois de charpente.
	Cupressus funebris. — Tszu po. — Bois employé pour les cercueils.
	Biota orientalis. — Po.
	Juniperus Sinensis. — Tszu po.
	Podocarpus macrophylla.
	Torreya nucifera. — Fei. — Fruits comestibles.
	Cephalotaxus drupacea.
Palmées	Chamærops excelsa. — Tsung. — Fournit de la filasse.
Graminées	Bambusa. — Chu. — Nombreuses variétés, usages nombreux.

DIATOMÉES

DE NINGPO ET DE NIMROD-SOUND (CHINE),

PAR

Mr P. PETIT,

Membre correspondant de la Société.

L'Etude qu'on va lire a été faite à ma demande par M. P. Petit. Les matériaux que je mis à sa disposition consistaient d'abord en une préparation microscopique de diatomées prises dans les estomacs des huîtres de Ningpo et qui me fut remise en février 1880 par M. Vœlkel, pharmacien à Shangaï. Cette préparation nous ayant révélé des espèces intéressantes, je me fis envoyer par M. E. von Martens, quelques-unes des huîtres que j'avais rapportées de Nimrod-Sound et qui se trouvent au Muséum de Berlin. A.A.F.

La flore des diatomées des mers de la Chine nous est presque inconnue ; c'est à peine si nous possédons quelques données sur les espèces qu'on rencontre dans ces parages. Il existe bien un petit nombre de travaux épars, dont un seul offre un véritable intérêt, parce que l'auteur a fait des recherches pour arriver à la connaissance des diatomées. Malheureusement nous devons le plus souvent au hasard les récoltes que nous parvenons à étudier.

Si nous jetons un coup d'œil rapide sur les travaux qui ont eu pour but l'étude des diatomées des Mers de la Chine, nous trouvons dans les Annals and Mag. of nat. history, London, vol. IX, p. 493 (1842) une liste, dressée par le professeur Grant, des infusoires et des diatomées récoltés par le Dr Cantor sur les côtes de la Chine.

Ehrenberg, dans sa Microgéologie (p. 141 et suiv.) a donné un certain nombre d'espèces récoltées en Chine dans le voisinage de Canton ; ces espèces ont été figurées dans la planche XXXIV.

Plus tard, Gréville décrivit et figura quelques diatomées nouvelles et curieuses récoltées à Hong-Kong par J. L. Palmer. (Journ. of Microsc. Science, new series, vol. VI Transact.)

En 1872, Monsieur R. Rabenhorst fils entreprit des sondages à Whampoa et à Hong-Kong ; ses récoltes, étudiées par le Dr Schwarz de Berlin, ont été distribuées dans la 240/41 décade des Algues d'Europe. Les trois listes des espèces récoltées et déterminées, ont été publiées dans le n° 11 du journal Hedwigia de 1874. Ces listes, par ordre alphabétique, présentent un certain intérêt au point de vue de la dispersion des espèces, c'est le travail le plus complet qui ait été publié jusqu'ici sur les diatomées des mers de la Chine ; on y trouve deux espèces nouvelles.

Depuis cette époque un assez grand nombre d'espèces nouvelles de Yokohama, ou du Japon, que nous avons retrouvées à Ningpo, ont été figurées dans l'Atlas de M. Ad. Schmidt, mais hélas ! sans diagnoses.

C'est à l'obligeance de M. Fauvel que je dois les matériaux qui m'ont permis d'étudier les espèces dont on trouvera ci-dessous la liste. J'ai eu en communication une préparation de diatomées récoltées sur les huîtres de Ningpo ; de plus, M. Fauvel a bien voulu me procurer quelques huîtres du banc de Nimrod-Sound. J'ai brossé ces huîtres avec soin pour obtenir la vase qui les recouvrait, et j'ai de plus détruit, par les procédés ordinaires, les huîtres elles-mêmes afin d'obtenir les diatomées contenues dans leurs estomacs ou retenues sur leurs branchies. Mes peines ont été largement payées, comme on le verra plus loin.

Plusieurs des espèces trouvées soit à Ningpo, soit à Ninrod-Sound, ont déjà été rencontrées à Hong-Kong, à Samoa ou dans l'océan Indien ; il est évident pour nous que ces diatomées ont été apportées dans ces parages par le grand courant d'eau chaude qui remonte du sud vers le nord, en longeant les côtes de la Chine. Il paraît, d'après ce que m'a affirmé M. Fauvel, qu'un autre courant vient de Yokohama vers Ningpo, ce qui expliquerait la présence des espèces japonaises que j'ai rencontrées sur le littoral chinois.

J'ai constaté, parmi les espèces marines, un certain nombre de diatomées d'eau douce ; cela n'a rien de surprenant, si l'on se rappelle la relation de M. Fauvel, dans le volume précédent. Le banc d'huîtres de Nimrod-Sound est situé au fond d'une baie profonde, recevant les eaux douces que lui apportent de nombreux torrents descendus des montagnes.

M. Fauvel, pensant qu'il y a un certain intérêt à connaître les espèces de diatomées de la côte chinoise, m'a prié de lui dresser la liste des espèces trouvées à Ningpo et à Nimrod-Sound. C'est avec grand plaisir que je me suis mis en devoir de satisfaire à son désir et je lui suis particulièrement reconnaissant de m'avoir ainsi procuré bien des heures agréables, consacrées à la recherche et à l'examen de ces petites algues, dont l'étude offre tant d'attraits.

Je donne séparément les deux listes des espèces de Ningpo et de Nimrod-Sound, afin qu'il soit facile d'établir un rapprochement entre les diatomées de ces deux localités. J'ai suivi la classification dont j'ai donné un Essai dans le Bulletin de la Société botanique de France (T. XXIV. 1877.)

DIATOMÉES DE NINGPO.

Cocconeis Placentula Eh.
» Ningpoensis sp. n. (Pl. III, fig. 1).
Rhaphoneis fasciolata Eh.
» Scutellum Eh. forme. (Pl. III, fig. 6).
Gomphonema capitatum Eh.
Cymbella obtusa Greg.
Amphora costata W. Sm.
Epithemia Zebra (Eh.) Ktz.
Encyonema gracile Rab.
Navicula longa Greg.
» gemina Eh.
» Græffii Grun.
» parca A. S.
» elliptica W. Sm.
» Smithii Bréb. in S. B. D. forme se rapportant exactement à la fig. 15, tab. 6 de l'Atlas de A. Schmidt; espèce indiquée à Samoa.
» elongata Grun., figurée dans l'Atlas de A. Schmidt, tab. 50, fig. 27 et 28; indiquée à Yokohama.
Stauroneis Phænicenteron Eh.
Pleurosigma acuminatum W. Sm.
Nitzschia Sigma (Ktz) W. Sm.
» macilenta Greg.
» panduriformis Greg.
Tryblionella punctata W. Sm.
Surirella fastuosa Eh. type.
» fastuosa Eh. plusieurs formes.
Triceratium rostratum sp. n. (Pl. III, fig. 3).
Syringidium Dæmon Grev.
Actinocyclus Ehrenbergii Ralfs.
Coscinodiscus lineatus Eh.
» » oculatus var. n. (Pl. III, fig. 5).
» excentricus Eh.
» minor Eh.
» subtilis Eh.
» radiolatus Eh.
» Oculus-Iridis Eh. Fragments.
» Gigas Eh.? Fragments.
Gallionella sulcata Eh.
» costata Greville. Observé pour la première fois à Hong-Kong.

Cyclotella sinensis Eh. Abondant. (Pl. III, fig. 7).
» rotula (Eh.) Ktz.
Stephanodiscus sinensis Eh.
Chætoceros Bacillaria Bail.

DIATOMÉES DE NIMROD-SOUND.

Cocconeis Ningpoensis P. P. (Pl. III, fig. 1).
Achnanthes brevipes Ag.
» subsessilis Ktz.
» » enervis v. nov. (Pl. III, fig. 2).
» marginulata Grun.
Rhoikoneïs Bolleana Grun.
Hyalodiscus subtilis Bail.
Rhoicosphenia curvata Grun.
Amphora cymbifera Greg.
» cymbelloides Grun.
» ergadensis Greg.
» lineata Greg. Abondant.
Epithemia Westermanni Ktz.
Navicula gracilis Eh.
» longa Greg.
» ? A. S. Atlas tab. 47. fig. 15. de Yokohama.
Pleurosigma affine Grun.
» formosum W. Sm.
Amphiprora alata Ktz.
Nitzschia distans Greg.
Nitzschia (Homœocladia) Vidovichii Grun.
» minuta Bleisch.
Surirella Gemma Eh. Abondant.
» fastuosa Eh. Très petites formes n'excédant pas 19 μ 8 en longueur; se trouve aussi à Yokohama A. S. Atlas, tab. 5, fig. 10.
Biddulphia aurita (Lyng.) Bréb.
Triceratium sinense Schw. (Pl. III, fig. 4).
Coscinodiscus heteroporus Eh.
» concinnus W. Sm.
» nodulifer A. S.
Actinoptychus undulatus Ktz.
Arachnoidiscus Ehrenbergii Bail.
Cyclotella sinensis Eh. (Pl. III, fig. 7).
Podosira nummuloides Eh.
Gallionella sulcata Eh.

DESCRIPTION DES ESPECES NOUVELLES.

Cocconeis Ningpoensis P. Petit.

Pl. III, nº 1. *a. b.*

Cocconeis à valve inférieure munie d'une marge de 4 μ 4, à stries très distinctes et peu serrées, 7 à 8 dans 10 μ ; n'ayant pas de ligne médiane apparente ; disque couvert de stries ponctuées rayonnantes, formant des bandes séparées par un espace lisse. Valve supérieure dépourvue de marge et munie d'une ponctuation plus ou moins régulière, rayonnant vers le bord.

Longueur 41 μ 8 à 17 μ 6 ; largeur 33 μ à 15 μ.

Cette espèce est de forme très variable, on la trouve le plus souvent elliptique, mais on la rencontre parfois sous une forme presque circulaire. Elle est assez commune sur les huîtres de Nimrod-Sound.

Achnanthes subsessilis Ktz.

Var : enervis, Pl III, fig. 2 *a. b. c.*

Cette variété diffère du type par ses extrémités qui sont plus largement arrondies, et surtout par l'absence de ligne médiane sur la valve supérieure.

Longueur 48 à 68 μ ; largeur 11 à 13 μ.

Triceratium rostratum P. Petit.

Pl. III ; fig. 3 *a. b.*

Les nombreux fragments qui se trouvent dans la préparation de Ningpo sont très incomplets et il m'a fallu faire beaucoup de recherches pour trouver les deux fragments dont je donne la figure. Il est évident que le *Tric. rostratum* doit appartenir au groupe du *T. undulatum*, décrit et figuré par Brightwell, Jour. of. Mic. Science, vol. VI (1858).

Vue de face, la valve du *T. rostratum* présente au centre du triangle un pseudo-nodule, qui est formé par la base de l'éperon; les bords, un peu ondulés, de la valve, sont finement frangés, la surface est couverte de ponctuations allongées, rayonnant du centre et disposées d'une façon élégante. Vue par la zone, la valve apparaît armée d'un robuste éperon ayant jusqu'à 44 μ de longueur; les sommets de la valve sont légèrement relevés et recourbés; la surface latérale est couverte de stries ponctuées, ainsi que j'ai pu le constater sur un fragment de la valve.

Plus grande largeur, 15 μ 4 à 22 μ.

Triceratium Sinense (Schw. sine icone).

Triceratium Whampoense Schw.

Pl. III, fig. 4.

Valve triangulaire à bords légèrement cintrés vers l'intérieur, à sommets largement arrondis ; la surface est munie de stries robustes, *imbriquées*, laissant des espaces libres aux trois sommets et au centre ; chacune des cornes est munie d'un sillon profond ; dans l'espace libre du centre se trouvent trois prolongements des stries qui font saillie ; la surface entière de la valve est couverte d'une très fine ponctuation.

Largeur maxima, 81 μ.

Coscinodiscus lineatus.

Var. *oculatus* P. P. Pl. III, fig. 5.

Cette curieuse variété tient le milieu entre le *Cos. lineatus* Eh. et le *Cos. blandus* A. S. La cellule centrale est beaucoup plus petite que toutes les autres ; les cellules qui l'entourent sont allongées et forment un ombilic, comme dans le *C. blandus*, mais la marge est simplement striée, comme dans le *Coscinodiscus lineatus*. Quant aux autres cellules, elles affectent la disposition en ligne comme dans le *Coscinodiscus lineatus*. En somme la partie centrale est *C. blandus* et la circonférence est *C. lineatus*.

Diamètre 44 μ.

EXPLICATION DES FIGURES

Planche III

Fig. 1. *Cocconeis Ningpoensis* P. Petit. *a* valve inférieure ; *b* valve supérieure. Gros. 600 : 1.

Fig. 2. *Achnanthes subsessilis* var. *enervis* P. Petit. *a* valve supérieure ; *b* valve inférieure ; *c* frustule complet. Gros. 600 : 1.

Fig. 3. *Triceratium rostratum*. P. Petit, *a* vue de la zone ; *b* vue de la valve. Gros. 600 : 1.

Fig. 4. *Triceratium Sinense* Schw. Gros. 1200 : 1.

Fig. 5. *Coscinodiscus lineatus*, var. *oculatus* P. Petit. Gros. 600 : 1.

Fig. 6. *Rhaphoneis scutellum* Eh. forme. Gros. 600 : 1.

Fig. 7. *Cyclotella Sinensis* Eh. Gros. 600 : 1.

TABLE

ERRATA.

Page	6	ligne	33	d'Anvoy	lisez	d'Amoy.
—	30	—	7	réunie	—	relevée.
—	38	—	13	appelle	—	appellent.
—	59	—	22	récolte	—	révolte.
—	84	—	11	*Paos-han*	—	*Pao-shan.*
—	120	—	4	secrétiou	—	secrétion.
—	144	—	24	favorisè	—	favorisé.
—	187	—	19	*hsieu*	—	*hsien.*
—	189	—	32	*chnan*	—	*chuan.*
—	195	—	3	*ya-hang*	—	*Ya-hang.*
—	238	—	33	donnner	—	donner.
—	240	—	26	*Pereidæ*	—	*Peridæ.*

www.ingramcontent.com/pod-product-compliance
Ingram Content Group UK Ltd.
Pitfield, Milton Keynes, MK11 3LW, UK
UKHW021129260726
13994UKWH00001B/72